JN103811

図解 ワイン一年生

2時間目

J.S.A. 認定ソムリエ
C.P.A.認定チーズプロフェッショナル
小久保尊

山田コロ イラスト

sanctuary books

はじめに

Préface

チーズを〝甘く〟見ているあなたへ。

ワインは飲むし、チーズも嫌いじゃない。
だから飲み屋で〝チーズの盛り合わせ〟を注文することも、スーパーやデパートのチーズ売り場に足を運ぶこともある。

でもパーティやお祝い事でもない限り、すすんで外国のチーズを買おうとは思わない。
（食べ慣れている、国産の有名メーカーのもので十分）
仮に、外国のチーズを食べようと思っても、食べたことがあるチーズ以外には、なかなか手が伸びない。
（くさかったり、しょっぱかったりして、口に合わなかったらいやだし）
いざ選ぼうと外国の塊チーズのパッケージを眺めてみても、中身が一体どんな味なのか予測不能……。

（かろうじて想像できるのはカマンベールとか、ゴルゴンゾーラくらい……）

そもそも大きい塊のものは、表示価格が高いのか、安いのかも頭の中でうまく検討できない。

（買って帰っても、食べきれなかったらもったいない）

わりとワインが好きで長年飲んでいる人でも、〝チーズ〟とはそんな関係を続けている人が多いのではないでしょうか。

そんな人のために、この本は生まれました。

生粋のアニメオタクからワインソムリエになり、ワイン好きをこじらせて、さらにチーズプロフェッショナルにまで沼落ちした筆者が、〝チーズ〟という一見、石ころのようにごく当たり前な存在を、**ワインを神の一滴に変える賢者の石**としてとらえ直し、オタク目線でわかりやすく説明した、「ワインとの組み合わせ方が、なんとなくわかったような気になる」チーズの入門書です。

そもそもチーズとワインなんて、おいしいに決まっているんです。
石器、青銅器、鉄器、その次くらいの時代でもう、「美の女神アフロディーテは、ゼウスの娘ヘレナをチーズとワインと甘い蜜で育てた」と言われていたくらいです。
フランスには「人生はうまいパン、うまいチーズ、うまいワインの3アイテムがそろえばコンプリート」みたいな格言があります。
日本だって徳川綱吉がワインと合うと知っていたのか、**生類憐みの令を自ら無視してチーズを献上させていたく**らいです。
それでも「ワインにチーズはあってもなくてもいい」という印象があるのは、チーズを**〝ただのおつまみ〟だと思ってるから**じゃないでしょうか？
筆者もずっとそう思っていました。
さけたりとろけたりするチーズに、粉チーズ焼きチーズスモークチーズ。
ふだんからチーズなんて「当たり前な存在」すぎて、わざわざ高いお金を出してまでこだわる人の気持ちが理解できませんでした。
おつまみにチーズを食べるにしても、せいぜいチーかまかチー鱈かで迷うくらい。
北欧のチーズ？　そんなおしゃれな食べ物は、北欧好き女子と会話を合わせる以外に使い道がありますか？　そういう冗談はＩＫＥＡで言ってくださいよ。
そんな筆者がある日、自宅で白ワインをガブ飲みしているとき、ふと口寂しくなって、酒好きの友人からもらったなんとかっていうチーズのことを思い出し、冷蔵庫から取り出したのです。
メッセージカードには「このチーズはこくのある白ワインに合う」と書いてありました。へんこ、と思いながら、ちょこっと切って食べました。
その瞬間、時間が止まりました。
すべての音が消えて、景色が遠ざかり、はじめは（おれ、死んだのかな？）って思いました。毒でも食らって息の根が止まってしまったのかなーって。
でも現実は逆だったのです。**あまりにも生きてました。**
大量の「うまーい！」の情報が流れ込んできたために、脳の処理が全然追いつくことができず、言葉が出なくなってしまったのです。
もう口の中が花火大会かってくらい。
味という味が打ち上がってうるさいわ華やかだわ思い出に残るわって。
や、の次は、ば、としか言えず、しばらく口をあけたまま、白目の状態を維持するしかありませんでした。
そのとき食べたのが「コンテ18ヵ月熟成」というチーズでした。
以降、筆者はまずコンテの奴隷になり、それからコンテ様の目を盗んでそれ以外のチーズにも手を染めるようになり、いつの間にかチーズの沼から出られなくなってしまっていたのです。
気づけばチーズプロフェッショナルの称号まで手に入れていて、今ではこの美しい世界を熟成したチーズに塗り変えてやろうと、昼夜を問わず「ワイン×チーズ」の素晴らしさを布教しています。

そもそもチーズは高級なものなのでしょうか。
うちのお店にくるお客さんの中には、「ワインに〝チーズ〟はおいしいって知ってるけど、そこまでお金をかけるほど盛り上がれない」という方がたくさんいらっしゃいます。
よくわかります。
チーズプロフェッショナルの資格を持つ筆者も、チーズについては「けっこう値段が張るな」とは思っています。

そもそも飲んでいるのはいつも第三のビールだし、服は全部ユニクロでもかまわないし、ゲームもお気に入りのソフトを1本買えば平気で4～5年間プレイし続けます。

ただ、そんな筆者でも、「チーズはお金を出すだけの価値があるよ！」と断言できるのです。

たしかにチーズは味がバラバラだし、どのワインに合うかは「自分の舌で」試してみないとわかりません。ワインは世界に何十万種類もあると言われる一方、チーズは千種類以上あると言われています。掛け算すれば、何億パターンです。

それでも「主要チーズのキャラクター」さえつかめば、選んだワインに、どのチーズを組み合わせたら「ドンピシャ」が発生しそうか、わりと簡単にイメージできるようになるはずです。

そしてもしも自分にとっての「ドンピシャ」を見つけられたら、まさにプライスレスの体験ができると思います。

ワインの味も、チーズの味もどこかに消えて、まったく新しい〝味だかなんだかわからない、とにかくすごいもの〟が脳内で爆発。そして意識は「ここではないどこかの世界」へ。

美味と快楽が脳内でごっちゃになって、とにかくポジティブな気持ちが止まらなくなり、自分は世界で一番幸せな人間なんじゃないか？　と、ほんの一瞬だけうっかり信じてしまいそうになる。

というのは全然大袈裟でもなんでもなく、筆者は「ワイン×チーズ」以上に簡単に手に入る快楽を知りません。

この快楽を知ってしまったが最後、**これくらいの金額でこんなにすごい快楽を得られるなら、全然あり**だと個人的には思っているのです。

いろいろ勝手なことを申し上げましたが、普通の人ならワインに合うチーズに詳しくならなくても、人生で不自由することはないと思います。

それでも、もっと知ってほしいと思うのはなぜか？

それは知ってると、**便利じゃない？**　っていうことです。

（さっぱりとした白ワインを飲みたいから、ヴァランセで合わせよう）

チーズ売り場で、食べたいチーズを迷わず選べるようになったり……。

（次にボーナスが入ったら、ちょっとだけいいブルゴーニュワインを買って、エポワスと一緒に飲みたい）

自分へのご褒美の選択肢を簡単に広げられたり……。

（パルミジャーノを朝ごはんはパンに挟んで、お昼は粉チーズにしてパスタにして、夜はそのままワインと一緒に食べるか）

いつもの食卓を簡単にレベルアップできたり……。

（最後にデザートワインを飲みたいから、ロックフォールだけ追加でもらえますか）

バーやレストランで、簡単に好みを言えるようになったり……。

（今日なんにも食べてないから、とりあえずチーズでも食べておくか）

一日に必要な栄養素を、簡単に摂取できたり……。

ときどきそんな瞬間が訪れるたびに、チーズの使い方を知ってると楽だな、便利だなと思えたりして、うれしい気持ちになるものです。

ぜひ一度、チーズの世界に首を突っ込んでみてください。
その小さな行動が、人生に余計な迷いを増やし、そのかわり自分と、自分の大切な人だけが知る、ひそかな楽しみが生まれるはずです。

ワイン一年生

2時間目 チーズの授業

目次

Contenus

Contenus

第3章

Contenus

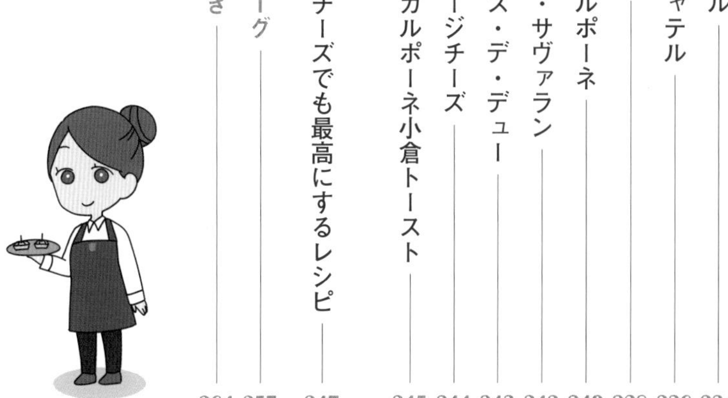

登場キャラクター紹介

転入生

味覚も収入も平均的なサラリーマン。最近ワインをよく飲むようになった。

カマンベール・ド・ノルマンディ

母性を感じるまったりお姉さん。ノルマンディ生まれの本家は唯一無二の存在感。

店員さん

ワインショップ店主、兼ワインスクール教師。ワインの力を取り戻すため、チーズの普及活動もはじめる。

ミモレット

人なつっこい能天気女子。熟成するとカラスミのように落ち着いた和風になる。

パルミジャーノ・レッジャーノ

イタリアチーズの風紀委員長兼女王。ドライパイナップルのような香りとコク。

エナンタール

素っ気ないけど、子どもやお年寄りにも優しい味。ほろ苦さとほのかな甘み。

アイリッシュ・ポーター

ぱっと見、キツそうだけど実はひかえめ。黒ビールの香ばしさと優しい旨味。

シュプレム

ログセは「最＆高」。底無しのポジティブ女子。クリーミーでなめらかな舌触り。

ポン・レヴェック

優しい性格でみんなから慕われている。初心者向けのウオッシュタイプ。

カマンベール

初対面でも気を許せるまったりお姉さん。舌の上でとろける安心安定の味。

ケソ・テティージャ

ちょっとセクシーで男子たちを混乱させる。甘い乳の香りと弾力のある食感。

モンドール

金のアクセサリーだらけの成金男子。トロトロでコクがあり、木の良い香り。

バラット

正統派妹タイプでみんなから可愛がられている。意外とさっぱりとした性格。

サントモール・ド・トゥレーヌ

曲がったことが大嫌いなラストサムライ。シェーブルらしい硬派な味わい。

フェタ

いつも後光がさしていて神々しい雰囲気。塩気が強いのでサラダにするのがポピュラー。

ヴァランセ

プライドが高いリーダータイプ。表面は木炭の粉で覆われている。頭のてっぺんが特徴的。

ブッラータ

クリーミーすぎる味わいで、着実に人気を伸ばしているモッツァレラの妹分。

バノン

恥ずかしがり屋で人見知り。ほんのり栗の葉の香りがする。

クロタン・ド・シャヴィニョル

背が小さいことを気にしていつもプンプン怒っている。ほっくりとした噛みごたえ。

モッツァレラ

どこにでもいそうな癒やし系女子。あっさり&ジューシーで世界中で人気。

モッツァレラ・ディ・ブーファラ・カンパーナ

誰にでも優しい理想のお姉様。あっさり口当たりと、ほとばしる濃厚汁。

フロマージュ・ブラン

疑うことを知らない世間知らずの男の子。ほどよい酸味とこくでさっぱり。

セル・シュール・シェール

他のシェーブルたちが個性的すぎて戸惑う男子。酸味、こく、香りのバランス感がある。

ハルミ

つねに無表情なミステリアスガール。暑さに強い。独特な食感がたまらない。

エダム

赤ずきんがチャームポイントの心優しい少女。どこかホッとするような味わい。

ラクレット・デュ・ヴァレー

アルプス生まれの元気っ子。野性味のある香りとこくで人気がある。

カチョカヴァッロ・シラーノ

いつも馬に乗っている世間知らず系お嬢様。クセのない味わいと独特な食感。

ケソ・デ・ムルシア・アル・ビノ

クールでさっぱりした性格。フルーティーな赤ワインの香りと酸味。

テット・ド・モワンヌ

無口で敬虔な修道士。濃厚なこくと旨味。専用の器具で薄く削って食べる。

カンボゾーラ

白カビと青カビのハーフ。クリーミーでマイルドなので青カビ初心者向け。

タレッジョ

見た目はイカツいけど実は優しいギャップ男子。独特な香りを包み込むまろやかさ。

ブルー・ド・ジェックス

筋肉モリモリの心優しい大男。ナッツのような香り、風味はおだやか。

ジェラール

テクノロジーが生み出した不老不死ボーイズ。スーパーでもよく見かける。

リヴァロ

愛国心の強いソルジャー女子。ウオッシュ上級者向けの刺激的な香り。

スカモルツァ・アフミカータ

カチョカヴァッロによく似た褐色女子。やさしい燻製の香りとイカのような食感。

ラクレット

アルプスに憧れる都会少女。ゆで野菜との相性バツグンのまろやかさ。

ゴーダ

友だち思いの好青年。クセのない味わいで世界中で愛されている。

マロワール

「ベルギーでは…」が口ぐせの空気読めない男子。強い香りと穏やかな中身。

マンステール

超能力を操る修道女。表面の香りは強いけど中身はクリーミーで食べやすい。

コンテ

ハードタイプのエース格。濃厚なミルクとナッツの香りに、あふれる旨味。

グラナ・パダーノ

パルミジャーノの陰に隠れる実力者。発酵バターのような香りと、ザラザラとした旨味食感。

サン・タンドレ

おっとりしたマイペースふわふわ系女子。バターのように罪深い食べ心地。

ペコリーノ・ロマーノ

粋なイタリアイケメン。塩気が強めなのでよく調味料としても使われる。

モントレー・ジャック

モントレー&ペッパーと仲良し3人組。マイルドなチェダーのような味わい。

ウエスト・カントリー・ファームハウス・チェダー

後輩チェダーたちを陰で思いやる超レアキャラ。上品にほろりと崩れる歯ごたえ。

グリュイエール

コンテのお兄さん。あまり目立たないけど、一緒にいると安心感のある味。

モルビエ

コンテを陰でライバル視。黒いラインが印象的な、優しいミルク感のある男子。

フォンティーナ

グリュイエールとコンテの親戚。厳しいアルプスが育んだたくましさがある。

エポワス

妖艶な魅力のお姉様。チーズの中でもトップクラスの刺激的な香り。

リコッタ

お風呂好きで、よくのぼせてる。ほのかな甘みとミルクの風味。

イエオスト

一部に熱狂的なファンのいる褐色少女。塩キャラメルのような味わい。

チェダー

しっかり者で優等生。扱いやすさはチーズ界一で、生産量は世界一を誇る。

ケソ・マンチェゴ

相棒の老ロバに負担をしいるポジティブ男子。羊乳らしい甘さと、脂っこい旨味。

ブリ・ド・モー

フランス人に大人気のチーズの王様。「モー」には洗練された深いコクがある。

ブリ・ド・ムラン

3兄弟の次男で一番激しい性格。ブラウンマッシュルームのような強い香り。

カブラレス

洞窟育ちの野生児。独特なミルクの香りと青カビの刺激。

クロミエ

3兄弟で一番やさしい性格。まろやかな口当たり、若いうちはほどよい酸味。

ブルー・ドーヴェルニュ

人気ブルーチーズ同士のケンカの仲裁役。ナッツのような風味と青カビの刺激。

サン・ネクテール

見た目はみすぼらしいけど歴史ある良家の出身。カビやワラ、キノコの香り。

フルム・ダンベール

「高貴なブルー」と呼ばれる青カビたちのバランサー。塩味がひかえめ。

ゴルゴンゾーラ・ドルチェ

暴走しがちな兄を諫めるできた妹ドルチェ。まろやかで食べやすい。

ダナブルー

アイデンティティを模索していたけど今はすっきり。鋭い青カビの辛みと塩味。

ゴルゴンゾーラ・ピカンテ

やんちゃだけど妹思いな兄ピカンテ。味が強く料理向き。

クリームチーズ

周囲から「そのままでいて!」と懇願されるぽっちゃり女子。クセがゼロの味わい。

スティルトン

イギリスのちょい悪紳士。ナッティーな風味と青カビの刺激で惑わせる。

ロックフォール

洞窟育ちの田舎娘。しっかりした塩味と羊乳独特の口どけとこく。

シャウルス

ふだんはおとなしいけどときどき凶暴。クリーミーな食感と強めの酸味と塩味。

バラカ

奇跡的な幸運の持ち主。濃厚なバターのような味わいで、塩気も強め。

ラングル

不機嫌そうに見えるけど実はそうでもない。シルキー&クリーミーな舌触り。

マスカルポーネ

ティラミスで一躍有名になった甘々なモテ女子。フルーツとの相性も抜群。

ヌーシャテル

いつも周囲に愛をばらまいている押しが強めの女の子。かわいい形でも塩気は強め。

ブリア・サヴァラン

美人でお金持ちでみんなの人気者なパーフェクトガール。甘くないケーキみたい。

カプリス・デ・デュー

気まぐれだけどすべて良い方に転がるラッキー女子。とにかく濃厚でマイルドな雰囲気。

カッテージチーズ

太らない体質で羨ましがられるガリガリ男子。クセがなさすぎて、かえって気になる存在。

ワイン一年生

2時間目 チーズの授業

プロローグ
Prologue

あー今週も忙しかったあ…
外で食べようと思って出てきたけど面倒になってきたな…
久々にワイン買おうかな
ワイン&チーズ
ウィーン

さーてどれにしよう
今日はシャキッとした白とかいいな
その日の気分でワイン選べちゃう俺最高じゃん…
じーーん…
ぐ

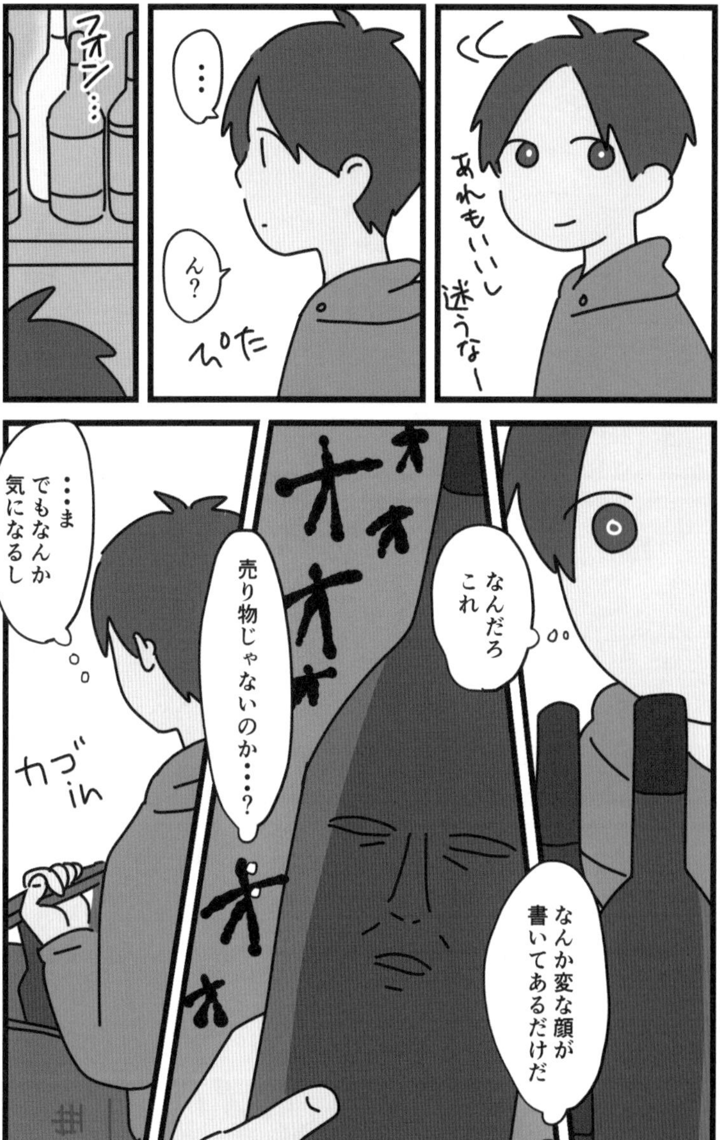

なんだろこれ
なんか変な顔が書いてあるだけだ
売り物じゃないのか…？
…までもなんか気になるし
カゴin

えーとあと
つまみ・・・
チーズフェ
あー
チーズね
いやいや
チーズ高いんだよ
選び方わからんし
失敗したくないし
ジャーン
やっぱこれよ！
おいしいポテチ
とにかくこってり味
あとテキトーに
スルメとチータラ！
早く帰ろ
お客様
ただいま
チーズフェア中
でしてぇ～！
ご試食
いかがですかぁ～？
いいんですか？
どうぞー
いただきます

うわ
これすごい匂…
香りで
あれ世界が回るぞ
す
ね…
ばたん
う…
がばっ
はっ!
しまった
寝過ごした!
カブ価!
あ
起きました?
あ…あれ?
ここは…
コ
コルクさん!?
お久しぶりです

ど
どうして・・・
まさか
さっきの男性の
店員さんは・・・
はい
私です！
変身上手でしょ
ってことは
ここはワイン界!?
いえ
ここは「チーズ界」
「ワイン界」と
密接に関係する
もうひとつの世界です
ワイン界
チーズ界
はあ・・・
そのチーズ界が
どうかしたんですか？
紀元前の遥か昔から
私たちは交流しあい
お互いに繁栄してきました
それがここ最近
両世界のつながりが
薄れ・・・
力を失いつつ
あるのです・・・
また!?

このままでは
滅亡を避けられません・・・
なんかよく
わかんないけど
大変なことに・・・
で
なんでボクを
あなた
「あのワイン」を
手に取りましたよね
？
これですか？
あああなんて
持ち方を！
それは
ワイン界とチーズ界の
力の均衡を司る
伝説のワインなのですよ！
古代の文献には
こう書いてありました
「伝説のワインに選ばれし者
その正しき知識により
対となるチーズを探し出し・・・
世界の崩壊を
救うであろう・・・」
なんかどっかで
聞いた話だな
チーズとか
ボク全然わかんないし
わかる人に渡した方が・・・

それは無理です
触れることができた
ということは
伝説のワインに
選ばれたということ・・・
勇者にしか抜けない系
よくある設定
だあああああ
続きがあります
「その者が
対となる
正しきチーズを
選ばなかった時
世界は滅ぶで
あろう・・・」と
えっ！滅ぶ!?
正しいのなんて
選べませんよ！
荷が
重すぎ!!
ご安心を！
これからチーズを
みっちり学んで
いただきますから
うでが
鳴るわあ
ぐっ
辞退します！
帰ります！
まあ・・・
帰ろうと思っても
帰れないですけど・・・
ガチャ
いやあああああああ

第1部

チーズの基本

Apprenez le fromage

おいしさ

Délices

おつまみチーズからはじめて、マリアージュチーズをめざす。

チーズも嗜好品です。

だから、どのワインと合わせると「おいしい」か「まずい」かは、個人の好き嫌いに大きく左右されると思います。

ただ、もしマリアージュの成功を定義するならば、「引っかかりがない組み合わせ」だと言えます。

口の中で一緒にしたときに、酸っぱいとか、しょっぱいとか、乳くさいとかがなく、いわゆる〝雑味が消えた〟ような組み合わせです。

だから、どんなに味覚に自信が持てない人でも、（引っかかるところがない）と感じられたら、「合うじゃん！」と言ってもいいと思います。

ただ、一口に〝引っかかり〟と言っても、チーズの風味に対する〝引っかかり〟の感じ方には個人差があります。そのチーズ特有の匂いや、刺激や、食感に、慣れている人と、慣れていない人とでは受け止め方がまるで違います。

また、チーズの中でも国産の有名メーカーのものは、みんなが小さい頃から慣れ親しんできた「おいしい」の代表格のようなものなので、アルミ箔に包まれたチーズや、スティック状のチーズや、ハンバーグやグラタンの上でとろけているチーズの味で、十分満足している人も多いと思います。

そんなわけで、ワインは毎回こだわって選んでいるような人でも、一緒にチーズを買うときはなるべく「クセのない」「食べやすそうな」ものを選ぶ人が多いようです。

その場合のチーズとは、**いわゆる〝おつまみ〟としてのチーズ**なのでしょう。

おつまみとはなにかと言えば、お酒を飲めば小腹が空くので、ちょこちょこ食べられるように準備するものです。

そんなおつまみの中でも、おつまみチーズはどんなワインの味も邪魔しないので、使い勝手が良い食べ物だと言えます。「やっぱりワインにはおつまみチーズが合う」と言う人は、決してグルメぶっているわけではなく、心からそう思って言っているのだと思います。しかし、お酒とおつまみの組み合わせは、言わば白飯とおかずの関係のようなもので、**それぞれ別々に機能しているおいしさ**だと言えます。

一方、チーズとワインが完全融合したときに発生する「マリアージュ」は、そういういわゆる「おいしい」とは次元がまるで異なります。

腕のいい職人が握るお寿司のように、**クセのある味同士が完全に混ざり合い、それぞれの区別がつかなくなって、まったく新しい味が誕生する**のです。

その感動を一度でも体験すれば、筆者がシャルドネの白ワインと「コンテ18ヵ月熟成」というチーズを一緒に口の中に入れた直後のように、〝おいしいでも気持ち良いでもない何か〟という新感覚を手に入れられるはずです。

ただ、最初はどうしても人を選びます。マリアージュに耐えうるような本気のチーズは、味も匂いも個性的なものが多く、わかりにくいものが多いからです。人によっては、食べた瞬間に大好きになるチーズもあれば、なぜこんなものを食べるのか理解に苦しむチーズもあるかと思います。クセがあるものなんでもこいという筆者ですら、あるレベルを超えると「(笑いながら) くせえな!」と叫んでしまうほどです。

でもそういった「クセ」こそが、そっくりそのままマリアージュの魅力に変換されるんだ、ということも覚えておいてください。

納豆だって漬物だって人気アイドルだってポプテピピックだって……どれもクセが強いですが、それが好きな人は、そのクセそのものを愛しているはずです。納豆が好きな人は、きっと無臭納豆を好みません。「なんだこれ?」という違和感を乗り越えられた人は、逆にその違和感が大好きになってしまうのです。

味覚は「小さな挑戦」によって磨かれていく
LV.1
お子さま期
むしゃむしゃ
チーズおいしー！
ビールと
スモークチーズ
最高〜！
ぷはーっ
LV.2
おつまみ期
LV.3
こだわり期
フムン…
白カビ…
青カビも
いけるぞ…
LV.4
マリアージュ期
フフフ
熟成した
チーズは
良い…
LV.5
末期
もっと…
もっとクセのある
ヤツはないのか…

すごさ

Grandeur

暇さえあれば、チーズに頼る。

※ヨーロッパでは白い肉と呼ばれています

コンビニで売っているような量産型のチーズはともかく、〝本気のチーズ〟は決して値段的に安いとは言えません。

下町の一庶民として堅実に生きている筆者が、それでもせっせとチーズを食べ続ける理由はなんなのでしょうか。

まずは単純に、手を加えずそのまま食べられるのに、いきなりめちゃくちゃおいしい食べ物だからです。

冷蔵庫から出して、切って、口の中に入れるだけで、脳がいきなり悦んで幸福感をドバドバ増幅させてくれます。ちょっとくらい嫌なことがあっても、筆者はチーズを食べればたいていのことは忘れます。

サラダ、パン、パスタ、どれに使っても、あっという間に贅沢メニューです。

ちなみになんでも一番おいしい部分のことを「○○の醍醐味」と言いますが、日本最古のチーズ「蘇」をレベルアップさせたものを、「醍醐」と名付けたくらいなので、チーズ＝この世で一番おいしい食べ物だと、昔の人も思っていたようです。

そういう「即効性のあるおいしい食べ物」って、栄養が偏っていたり、身体に悪いものがほとんどなのですが、それどころかチーズは栄養食品としても〝ほぼ完璧〟なんです。

みんなが欲しがる「たんぱく質」も「カルシウム」も「ビタミン」もめっちゃ入ってる。サプリメントなんていらないくらいです。

もしも食事をする時間が取れないけど、とにかく栄養だけを摂りたいときは「チーズ食べとけ」って思います。

足りないのはビタミンCと食物繊維くらいなので、**野菜を足しておけば、「本日の食事は健康的でした」と主治医の目を見て言えるはずです。**

栄養が偏りがちな人にとっては、それだけでも感謝しかないのに、最近までの研究では、血圧を下げる、がん予防になる、虫歯予防になる、整腸作用、ピロリ菌をおさえる、安眠、**二日酔いの回復促進**などの効果がありそうだとまで言われています。

おまけに発酵食品だから若返り効果もあるし、満腹感を得やすいからダイエットにもなるし、乳酸菌があるから腸内環境を改善するし、たんぱく質が多いから肌も髪もきれいになる。快感ホルモンのドーパミンやエンドルフィンを分泌しやすくする成分もあるという。

もう、にわかに信じがたい健康食品のセールスみたいですが、**どうせにわかに信じがたいなら、チーズを選びたい**ような気がいたします。

さらにそういう「健康にいい食べ物」って、毎日食べていると飽きてくるものが多いですが、チーズは世界に約千種類あるわけで、それを世界に何十万種類あると言われているワインのいずれかと掛け算できるわけですから、ひとりの人間が一生かけても極めきれないほどのパターンがあります。一生かけても極めきれないもの＝趣味性が高いのです。

次このチーズを食べるときは、あのワインで試してみよう、このワインの味ならあのチーズが合うかもと、実験をどんどんくり返したくなります。

おいしくて、健康的で、趣味性がある。

みなさんは人生にそれ以上、なにを求めるのでしょうか。

筆者は求めません。

それどころか脳が完全にチーズとワインにやられているので、未知なる新しい快感を求め、今夜も目を見開きながらチーズをかっ食らい、ワインを飲みます。

チーズひとつで、人生はけっこう救われる
たんぱく質
美容・筋トレに
カルシウム
約2切れで1日分！
2
すごい
ワクワク
このワインに、次はどのチーズを合わせる？
時間
ハッ
スパァン
切って食べるだけ
衝撃
他では味わえない快感
美味すぎる
そんなバカな

チーズのベタ

Marques populaires

6タイプの「王道（ベタ）」を食べてみる。

ナチュラルチーズは6タイプに分けられ
それぞれ強い個性があります。

たとえばフレッシュタイプは
みずみずしくてクセがなく
万人に愛される清純派。

ウオッシュタイプは
食べてはいけない感じの匂いを放つ
個性を重視した異例の存在。

それぞれの個性がわかっていれば
口の中の展開をコントロールできます。
次は青カビを合わせるか…

チーズは大きく分けて7タイプあります。
その違いを知るために、まずチーズのパッケージをひっくり返してみてください。
おそらく表示のラベルがあり、その種類別のところに「ナチュラルチーズ」あるいは「プロセスチーズ」と書かれているはずです。
プロセスチーズは日本人にとってなじみのある、いわゆる「チーズ」です。
ナチュラルチーズを粉砕して、乳化剤を入れて菌や微生物を全滅させ、それ以上熟成しないように「安定」させて作ったチーズです。
長く保存できて、味が変化しにくいプロセスチーズは、いわばコーヒー豆から作ったインスタントコーヒーのようなものです。
これはこれでおいしいのですが、これをおいしいとか言い出すと、なんでもありになってしまうので、「プロセスチーズ」は選択肢から除外させてください。
残る6タイプは、すべてナチュラルチーズです。
すべてのチーズは、ミルクを温めるところから作られます。
それに〝レンネット〟と言われる酵素、あるいは熱や乳酸菌を加えて固めます。
そのあとどう仕上げるかによって、チーズは6つのタイプに分かれます。

［フレッシュ］は、固めたミルクからある程度水を抜いて、「おしまい！」にしたものです。見た目はだいたい豆腐っぽく、圧倒的にあっさりして食べやすいです。

［ハード／セミハード］は、固めたミルクから水分を飛ばし、プレスして、数ヵ月から数年間「熟成」させたものです。見た目は昔のアニメとかでねずみが大好物なやつ。（実際、ねずみはチーズ好きじゃないらしいですが）旨味が強くて、もはや中華用調味料みたいです。

［白カビ］はチーズの表面にさらに白カビを吹きつけて「熟成」させたものです。見た目はそうです、「カマンベール」です。が、味は作り方によって大きく変わり、バターみたいな〝お子様向け〟もあれば、お漬物みたいな匂いがする〝ツウ仕様〟もあります。

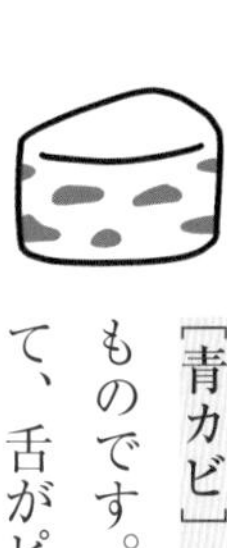

「青カビ」はチーズに串を刺して青カビをつけて、そのカビを「繁殖」させたものです。見た目は、いわゆる「ゴルゴンゾーラ」。乳くさくて、塩気が強くて、舌がピリピリします。

「ウオッシュ」は塩水などで洗いながら「熟成」させたものです。見た目は、一瞬だけ焼き立てチーズケーキです。度合いはいろいろありますが、どれもくさいです。青カビとはベクトルの違う、納豆的なくささを放ちます。

「シェーブル」は山羊乳を使って、塩や木炭などをまぶして熟成させたものです。見た目は、木炭をまぶしたものは、まるで石です。においは人によっては「動物園」を感じます。筆者はいい意味で牧場みたいな味だと思っています。

このような説明を受けて、どうお感じになりましたか。

あらためて振り返ってみると、「フレッシュ」以外のチーズは、食べ物の描写とは若干かけ離れているような気がいたします。

しかし、一度食べていただいて、そのクセがいけると思ったら、きっとそんな「食べ物らしくなさ」も含めて気に入っていただけるはずです。

ただ、「食べられるかどうか」と、「食べたいかどうか」はまた別の話です。

まず、自分はどういうチーズを欲しているのか。

漠然と「チーズが食べたい」ではなく、「このタイプのチーズが食べたい」という気分になっていただくために、まずは各タイプの代表的な銘柄をご紹介したいと思います。

モッツァレラ（フレッシュタイプ）

大好きです！　万人を優しく包んでくれる理想のお姉様！　あっさり&ジューシーで世界中の甘えん坊たちを虜に。クセの強いチーズ界において、唯一と言っていいほどの清純派フレッシュタイプ！

パルミジャーノ・レッジャーノ（ハードタイプ）

キタキタ！　イタリアチーズの女王&風紀委員長！　濃厚すぎるこくとドライパインのような香りで味の乱れを許さない。一言でいうと「旨味爆弾」。噛んでる間、口の中がずっと旨！　旨！　旨！

ブリ・ド・モー（白カビタイプ）

はいそうですね！　洗練されてるのに、深いこくってすごい。フランスではカマンベール超えの人気を誇るチーズの王様。食べやすいのに、熟成させると好きな人には、よしよしきましたたまらん、という匂いが！

ロックフォール（青カビタイプ）

キューン！　惚れました。洞窟育ちの田舎娘！　しっかりした塩味ながら、**羊乳独特の口どけドロリ。**ちょっぴり辛い。この味を生み出した人は単なる神様。世界三大ブルーチーズの一つでもある。

サントモール・ド・トゥーレーヌ（シェーブルタイプ）

出ました！　曲がったことが大嫌いなラストサムライ。シェーブルらしい硬派な味わい。山羊乳独特の香りのハードルを越えちゃったら、そこは**グリーン・グリーンな見たことのない魅惑の世界！**

エポワス（ウオッシュタイプ）

フェロモンで悩殺してくる妖艶な女性。もう勘弁してください！　くさい！　チーズの中でもトップクラスのやばい匂い。こんなの誰が好むのかと思いながら食べているうちに、いつの間にか「ハアハア、もっと……」に変わってるじゃないか。

……申し訳ありません、ひとりで興奮してしまいました。

ともあれ、この6つのチーズをひと通り食べれば、どのチーズも各タイプの特徴をよく表した強い個性の持ち主なので、今後はどこでどんなチーズを食べる機会があっても、自信を持って「これが好き」「これを食べたい」と言えるようになるはずです。

この6つのタイプのクセをすべて攻略した、と仮定します。その上で「チーズでも買って帰ろうかな」と漠然と感じたときは、脳内で軽くシミュレーションをしましょう。

まず、なにはさておき最初のターゲットは「フレッシュ」です。これは老若男女、国籍を問わず誰がいつどんなコンディションで食べたっておいしいチーズだからです。

普通のチーズよりも、あっさりしています。口内の清潔を保ちたいときは「フレッシュ」一択。満腹だとか、ダイエット中だとかいう場合をのぞいて、「フレッシュ」を持て余す人はまずいません。

そして「フレッシュ」よりも〝旨味〟が欲しいと思ったら、「ハード／セミハード」を候補にしてもいいかもしれません。

「セミハード」は、良い意味で一番「プロセス」の味に近く、そこに旨味が加わった感じです。「ハード」はより一層旨味を凝縮した感じなのですが、ナイフが通らないほど食感が固くなります。この固さが苦手な人は、スライサーで薄く削るなどして食べます。

いずれも「クセはない」と言い切っていいほどです。

ですから、家族みんなでチーズを食べるときなどは、「フレッシュ」か「ハード／セミハード」を選んでおけば無難です。

さらに「フレッシュ」よりも〝生クリーム感〟、あるいは反対に〝クセ〟が欲しいと思ったら、［白カビ］にまいりましょう。

「白カビ＝北海道カマンベール」だと思っている人は多いのですが、全然違います。まず生クリーム添加された［白カビ］は、めちゃくちゃクリーミーです。クセもほとんどなく、へたするとバターです。一口食べるとだらしない笑顔になります。乳脂肪分の表示が60％を超えてくると、生クリーム添加タイプです。

その一方で、熟成された本気の［白カビ］は、ほどよくクセがあります。派手さはないものの、ちゃんとチーズの世界を楽しませてくれて、長い余韻を残してくれる。線香花火のように、実は一番、末永く愛されるポジションかもしれません。

問題はここから先です。

残る3タイプの［青カビ］［シェーブル］［ウオッシュ］はいずれもインパクトが強いものが多く、ベクトルは違いますが、ひと言で言えばどれも完全に「くさい」です。

ただそれに一度慣れた人は、鼻も舌もバカになっているのか、そのくささを感じることなく、ただ魅力だけを感じ取ることができます。

少なくとも筆者のようなチーズヲタにとって、「くさい」は完全にほめ言葉です。

それぞれの「クセ」を完璧に言語化することができないので、食べたことがない人はぜひ実際に試してほしいのですが、「白カビ」よりも〝刺激〟が欲しいと思ったら「青カビ」を、〝酸味〟が欲しいと思ったら「シェーブル」を、〝まろやかさ〟が欲しいと思ったら「ウオッシュ」を候補にします。

いずれもまったく違うディープインパクトがあるので、それを楽しんで受け止められる心と時間の余裕があるときに選びましょう。

6種類のどれかに「今日の気持ち」がある
START!
もっと旨味が欲しい
フレッシュ
ハード／セミハード
もっとクセが欲しい
白カビ（熟成したもの）
刺激が欲しい
青カビ
酸味が欲しい
まろやかさが欲しい
シェーブル
ウオッシュ

ラベル

Étiguette de fromage

「これが食べたい」と確信してから買う。

※ちなみに「おつとめ品」は食べごろ!

6タイプのチーズはどこで買えるのでしょうか。

当たり前ですが、通販では買えます。チーズ専門店に行けば買えます。

近所にチーズ専門店がなくても、大きめのスーパーかデパ地下の食品売り場を歩けば買えます。

外国のチーズがずらずらと並ぶ冷蔵棚。

置かれている割合を見ると、6タイプの人気度がわかります。

「ハード／セミハード」はいっぱいあるな。「フレッシュ」「白カビ」もけっこうあるな。

「青カビ」はどこ行ってもゴルゴンゾーラだけはあるな。

「ウオッシュ」もあるにはあるな。「シェーブル」はどこだろうな？ といった印象でしょうか。

ここでまず気になるのは、見た目も大きさもバラバラなことです。

どれも食べたことのないチーズばかりだから、それが自分にとって買う価値があるのかどうかすらも、なかなか判断しにくいと思います。

▼100グラム単位で検討する

そこでまず値段は、100グラム単位で考えてください。ちゃんと作られたチーズであれば、たいてい100グラムで500円以上します。一番高いクラスだと、**100グラム1000円くらい**です。

たとえば180グラムで1000円のパルミジャーノ・レッジャーノは、100グラム500円ちょっとくらいだと考えます。

「けっこういいお肉が買えるじゃないか」という声が聞こえてきそうですが、お肉のようにガツガツ食べないので、筆者はそこまで高いものだとは考えません。

なぜなら高いチーズには、それ相応の「クセ（くさい）」がある。つまりちゃんと熟成（時間が経ったもの）させたものだからです。熟成させるためには人の手がかかる上に、熟成すると成分が蒸発して小さくなって、軽くなったりしているのです。同じ重さだとしても、**牛肉とビーフジャーキーでは旨味の濃さが違いますよね。**

反対に、100グラムで300円以下レベルのチーズになると、大量生産系のものが多くなります。

大量生産系になるほど、一般的に食べやすくなる一方、個性的ではなくなっていきます。
「ナチュラルチーズ」と表記されていれば個性的とは限らないのです。51％以上ナチュラルチーズが含まれていれば、なんでも「ナチュラルチーズ」と表記できるからです。
というわけで、チーズがわかった気分を味わうためにも、勇気を出して、まずは**100グラム500円以上のものを選んでみてください。**
1回に50グラムくらい食べたとして、250円。ガチャ1回分程度だと思えば……いかがでしょうか。
ちなみに、100グラムあたりの金額を考えすぎて、合計金額を間違えないように気をつけてください。

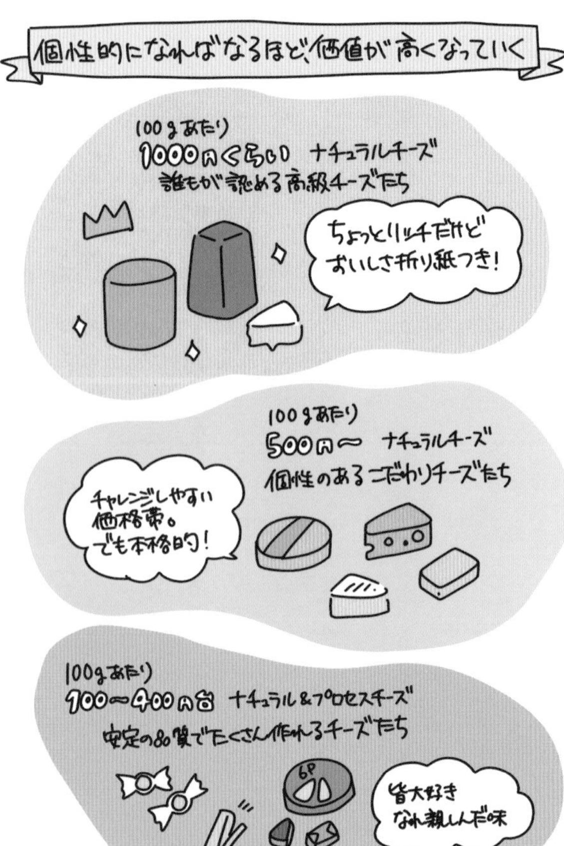
個性的になればなるほど、価値が高くなっていく
100gあたり
1000円くらい ナチュラルチーズ
誰もが認める高級チーズたち
ちょっとリッチだけど
おいしさ折り紙つき!
100gあたり
500円〜 ナチュラルチーズ
個性のあるこだわりチーズたち
チャレンジしやすい
価格帯。
でも本格的!
100gあたり
100〜400円台 ナチュラル&プロセスチーズ
安定の品質でたくさん作れるチーズたち
6P
皆大好き
なれ親しんだ味

おつとめ品からさがす

筆者はお店で塊チーズを買うときいつも、「20%オフ」とか「100円引き」といった割引シールつきのものを探します。

割引シールが貼られているということは、賞味期限がギリギリになっている商品だからです。**賞味期限が切れそうなチーズって、ぜんぜん悪いものじゃないんです。**クセ好きな筆者としては、むしろ一番の食べどきだと思っています。

寝かせなくても食べられて、おまけに安いだなんて。「古いチーズを食べたらお腹を壊しそう」という多くの人の思い込みのおかげで、おいしい思いをさせていただいております。

あとおすすめなのは、盛り合わせ（アソート）です。これは、賞味期限が切れそうなものを集めて、安く売り出されているパターンが多いからです。いろんなチーズをいっぺんに試してみたい人にとっての、**スターターパックのようなもの**ですね。

ただし個包装されている、いかにも使い勝手が良さそうなアソートはいわゆる大量生産系が多く、筆者はあまり手が伸びませんが、おつまみには良いと思います。

▼ＡＯＰマークをたしかめる

次にパッケージを見ましょう。厳しい基準をクリアしているチーズには、わかりやすくどこかにＡＯＰ（イタリア版は「ＤＯＰ」）マークがついています。ＡＯＰとは夕張メロンや、魚沼産コシヒカリのように、**その土地の個性を反映させているブランド品**です。いや、ブランド品というと少しチャラついたニュアンスを感じそうですが、むしろ真面目というか、「個性保証品」だと言えます。

条件が厳しい

フランス　A.O.P
イタリア　D.O.P
EU　PDO

条件がやや厳しい

フランス／イタリア　I.G.P
EU　PGI

条件がスイス独自

スイス　スイス AOP

たとえばカマンベール・ド・ノルマンディというチーズには「ＡＯＰ」表記があるので

すが、他のカマンベールにはありません。

つまりどこかのカマンベールは、そのルーツであるカマンベール・ド・ノルマンディに似せたものとなります。「AOP」が〝ラーメン二郎〟で、あとは〝二郎リスペクトのお店〟みたいなことでしょうか。ですので「AOP」表記のあるチーズを選んでおけば、間違いなく「個性的」ということになります。さらに「AOP」の格下には「IGP」というランクもあります。

▼皮があるかたしかめる

チーズの「皮」があるかどうか、見てたしかめます。「皮」のないつるっとしたものは〝リンドレスタイプ〟といって、ぴしっとビニール真空パックにして、熟成する前に時を止めてしまったチーズです。

はじめから皮を作らないので、皮にブラシをかけたり拭いたりといった手間がかからないだけでなく、四角くカットして、小分けにもできるので値段は安くなりますが、**皮がある方が味はおいしい**です。

ビニールではなく紙の箱に入ったチーズは、蒸れないように、むしろ熟成を進めています。

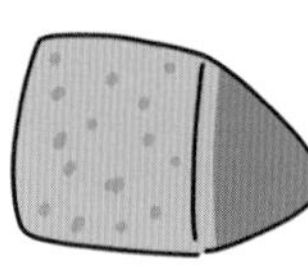

▼無殺菌乳か殺菌乳かたしかめる

ほとんどのチーズは、ミルクを「殺菌」して作られています。シンプルで無難な味になるし、大量生産しやすく、品質を安定させやすく、保健所の検査をクリアしやすいからでしょう。

その一方で、「無殺菌」で作られたチーズも存在するのは、その反対の理由で、たとえたくさん作れなくても、品質が安定しなくても、保健所の検査のクリアが難しくても、味わいや風味がめちゃくちゃ豊かになるチーズを作りたいからでしょう。

無殺菌で作ったチーズには、必ずその土地ならではの菌が棲みつき、その菌たちががんばって、複雑な味の世界を作り出してくれます。

ですから筆者の場合、ハンバーガーに挟みたいとか、近所の子どもに配るといった理由でもない限り、あれば基本的に「無殺菌」を選ぶようにしています。

ではどのチーズが、無殺菌なのでしょうか。

ラベルか棚札に、運良く書いてあることがあります。

「レ・クリュ」か「ラッテ・クルード」は無殺菌乳で作ったもので、反対に「レ・パストゥリゼ」か「ラッテ・パストリッザート」は殺菌乳で作ったものです。

「レ・テルミゼ」という菌を死滅させながら、有用な微生物だけをできるだけ残すという、いいとこどりの加熱乳で作ったものも存在します。

そんなややこしい文字が書かれていなくても、手にとって匂いを嗅いでみて、「おー」って声が出れば、ちゃんと熟成している証拠。無殺菌乳である可能性は高いです。

ただしあんまり手にとって嗅ぎ、手にとって嗅ぎをやりすぎたら、店員さんににらまれると思いますのでほどほどにしましょう。

▼乳脂肪分（MG）をたしかめる

ラベルに「MG／ES●％」という表示があればそれは乳脂肪分です。この数字を見ると、そのチーズがどれくらいクリーミーなのかが想像できます。牛乳オンリーで作ったら50％（100グラム中25グラムくらい）ですが、普通のチーズはそれを45％くらいにおさえています。

カッテージチーズなどはさらに脱脂するので、20％くらい（100グラム中10グラムくらい）までおさえられて、とってもヘルシーです。

反対に生クリームが添加されたものは、60％くらいになり「バター感」がアップしてきます。たとえば白カビタイプのチーズで見かける「ダブルクリーム製法」「トリプルクリーム製法」などは、それぞれ乳脂肪分60～70％、75％以上と高い数字を叩き出しています。クリーミー＝贅沢リッチでおいしいです。でも、太ります。

ややこしいのが、乳脂肪分の表記は「全体に対して」と、水分を抜いたあとの「固形分に対して」が混在していること。

世界的にヘルシーブームだからなのか、乳脂肪分をより少なく見せるために、「全体に対して」を表示しがちなので注意しましょう。

乳脂肪分で「クリーミーさ」がわかる
ヘルシー
リッチ
40%
未満
40
〜
50%
60〜
70%
75%
以上
普通
超リッチ
MG/ES ●●%
=
固形分に対して
MG/PT ●●%
=
全体に対して
水分
(ホエイ)
固形分
全体
水分
(ホエイ)
固形分
注意

す。

▼戦略を立てる

わりと大きめの塊チーズを目の前にすると、「はたして食べきれるのか」問題が生じます。

塊チーズの購入者のうち、食べきれずに冷蔵庫に放置してそのまま忘れて気づいたときには半年くらい経ってカチカチになっていたから食べるの怖くてゴメン捨てたという人は、全国の半数くらいを占めるのではないでしょうか。

いきなり大きいのを連れて帰って、新しい心配のタネとしないように、チーズはタイプと重さを見て予測を立ててから買いましょう。

［フレッシュ］は鮮度が命、時間が経つほど風味が落ちていくので、できるだけ早く食べた方がいいです。だから今日中、せめて明日までに食べきれる量だけにしましょう。

［ハード／セミハード］はすでに長期熟成しているので、けっこう放置しちゃっても大丈夫です。ときどき調味料代わりに削って使うなど、はじめから放置するつもりなら、冷凍庫で保存するという手もあります。

それ以外のタイプは、だいたい「買ってきた日から、2週間くらいまで」が食べごろ。

クセ好き熟成好きにとっては、賞味期限が大好物のピークです。

それまでにどれくらいのペースで食べるか。

仮にワインと一緒に1回に50グラムずつ食べるとしたら、どれくらいのペースで消化できそうかイメージしてみます。もちろん「私は一度に全然１００グラムいけるわよ！」という方はそれでもけっこうです。

そして余ったらサラダに入れるか、パンに挟むか、まあパスタに使っちゃえばいいか、などのイメージができれば、自信を持って買えるのではないでしょうか。

ここまで、いかがでしょうか。

これだけのことが頭に入っていれば、チーズを〝勘〟で選ばなくなりますし、バーやレストランでチーズを頼むときも、「熟成強めの白カビありますか？」とか「もし盛り合わせにシェーブルがあったら抜いてください」などと注文することができます。

なんかドヤ感があって恥ずかしい、と遠慮する方もいますが、全然そんなことはありません。

筆者のようなチーズの下僕店員としましては、お口に合わずに残骸となったチーズ様を見ると非常に悲しい気持ちになるので、好みも苦手も、先にはっきりと伝えていただいた方がうれしいのです。

と、ここまでいろいろご説明いたしましたが、結局のところは**「連れて帰りたいチーズ」を名指しで買ってほしい**と思います。

名指しで買うためには、名前を知らないといけません。

ですから、名前をいくつか記憶しておいて、店頭でそのチーズと名前を一致させてみることが、チーズを面白くする第一歩かと思います。

熟成するチーズ
THANK YOU!
¥
買ってきたら なる早!
フレッシュ
いつでもどうぞ
ハード/セミハード
熟
青カビ・白カビ
シェーブル・ウオッシュ
買った2週間後ごろが
いちばん食べごろ!
だんだん味が変化。
賞味期限＝一番の食べどき
熟成しないチーズ
(大量生産)
基本的にはいつ食べても変わらない。

味わう

Goût

切るところから、味わいはじめる。

丸いチーズはこういう風に切ります。

ハ

ココでカット!

よく見て、よく嗅いでから食べましょう。

じー

!

くんくん

くんくん

おいしく味わう儀式みたいなものです。

舌と鼻腔でテロワールを探します。

ん…

ここは…魔法の世界…?

残りはふんわりラップして → 冷蔵庫へ。

おチーズ様

※匂いをもらしたくなければフリーザーバッグなどで。

今日もありがとうございました

食べるとき、「フレッシュ」は冷蔵庫から取り出して冷たいうちに、その他のタイプは、まずチーズを室温に戻してから切ります。

筆者のような〝食痛〟の場合は、チーズなんてもう切るところからして快感です。ツーッとナイフを入れるたび、手に伝わってくるなんともいえぬ感触に背筋がぞくぞく震えます。

その感じにピンとこないノーマルな人は、堅実な気持ちで切ってください。

というのも、ときどき豪快に、まるでピザとかケーキのように「真っ二つ」から切り始める方がいらっしゃるのです。

一度に全部食べきるならいいのですが、もし残すのだとしたら、断面から酸化するので、食べる分だけ切り取るようにしてください。

切り方はチーズの形状に合わせていろいろありますが、チーズに「中心」が存在する場合、チーズの中心と外側が、どっちも1ピースに含まれるように切ってください。中心と外側では味が違うからです。

じゃあ皮はどうしますか？　なにをおっしゃいますか、皮はもちろん食べます。チーズは皮と中身を別々に味わったり、一緒に食べたりしてこそおいしいのです。ただ、「ハー

いろんな切り方

ド／セミハード」だけは別です。食べる前に、皮は切り落とします。食べてもいいですが、本来食べるところではありません。

次に、切ったチーズを眺めます。まず皮の色を見て、表面の凸凹を見て、それから断面を見ます。

筆者はいつまでもこうしていたい。

見るだけなのですが、味にもけっこう影響します。

見た目がまろやかそうだなと思えば、まろやかな味が増幅されるのです。本当ですよ。

そして次には、匂いを嗅ぎます。

テーブルマナー的にはアウトでしょうが、知ったことですか。嗅ぎましょう。立派なチーズほど、立派な匂いがしてくれます。ありがたいです。その感動をしばらく堪能します。

散々愛でたあと、そうっと、皮だけをかじります。そして……間髪を容れず、中身をパツンパツンと喰らいます。

ああ。チーズ以上に食感が良いものがこの世にあるでしょうか。皮と中身は、まるで違う食べ物です。

外はパッンパッン、中はトロットロ。歯ごたえの快感に酔いしれる間もなく、お待ちかねの味と匂いが一気にこみあげてきます。

クリーミーとか濃厚とかも悪くないのです。ただそういう直接的な快感とは違う、複雑すぎる味の記憶のパレードです。

こんな味かと思ったら、もう違う味になっていて、時間の経過でどんどん変化していくから、一体いつ飲み込んだらいいのかわからない。

こんな、花火みたいに次々と味が展開する食べ物を、筆者は他に知りません。

もしそのチーズがＡＯＰ級ならば、さらに海に近いとか、山の上にあるといった土地ならではの風味、〝テロワール〟を感じられるかもしれません。

テロワールってどういうことでしょうか。コストコを訪れたときに感じる「アメリカ」のようなものでしょうか。

だいたい当たっていると思います。良いチーズにあたると、まさに、一瞬でどこかの国に連れて行かれる、という感覚があります。

こんな風に、ただでさえチーズの味は複雑なのに、そこへ複雑なワインの味が組み合わさったら、本当にもう奇跡のような世界が生まれるはずなのです。

それでも会話に夢中になってパクパクゴクゴクしていたら、そんな大変な状況に気づくこともなく、「ああ、今日も酔っ払ったあ」くらいにしか感じないかもしれません。

それくらいデリケートな世界でもあります。

ああ、おいしかった。こんなにおいしいチーズを、一気に食べ終えるのはもったいない。取っておきたい。さあ、どうしましょうか。

そのまま冷蔵庫に入れたら乾燥してカチカチに。かといってラップをぴっちりかけるとビショビショになります。

なので、蒸れないようにラップをふんわりかけるか、フリーザーバッグに入れて冷蔵庫にしまっておきましょう（「ハード／セミハード」だったら冷凍庫でもいいです）。

では、なかなか食べる機会がなくて、賞味期限が切れてしまったチーズはどうするか。

気づいたときに食べればいいです。全盛期と比べれば味が少し落ちるかもしれませんが、半年以内ならほとんど変わらないと思います。**基本的にチーズは腐りません。**

白カビ青カビとは違うカビが生えることもありますが、生えたら削って食べればいいだけだと思っています。

もしどうしても不安だったら、火を通しましょう。焼いたチーズ、めちゃうまいです。なんなら生クリームでのばして、ソースにしてもめちゃうまいです。

チーズナイフ

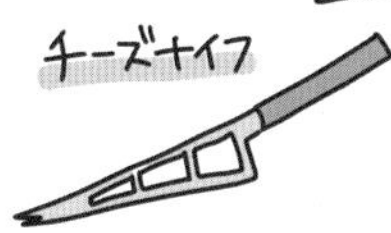

チーズがくっつきにくいタイプ。
固めチーズも切れる。
刃の先をフォーク代わりに使える。
かっこいい。

チーズスライサー

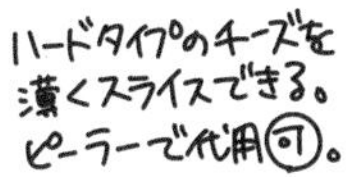

ハードタイプのチーズを
薄くスライスできる。
ピーラーで代用可。

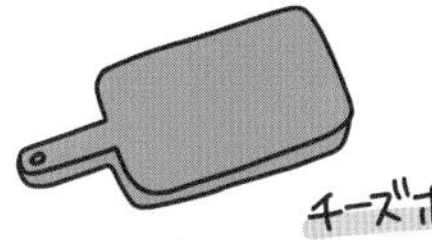

チーズボード

チーズを切る・盛り合わせるを
同時にできる。
いきなり「チーズ食べます」
という雰囲気が出る。

チーズおろし器

ハードタイプのチーズを
粉チーズにできる。銅鐸に似てる。
おろし金でも可。

ジロール

テット・ド・モワンヌ専用器。
刃を回して花びらのように
スライスできる。

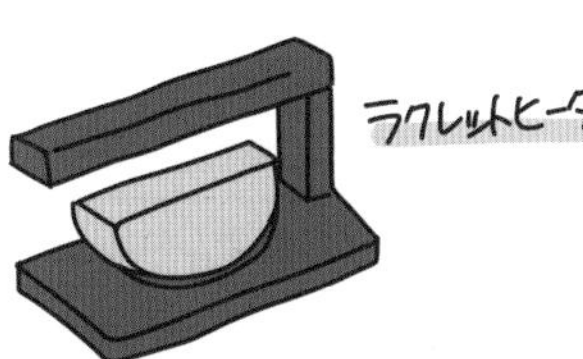

ラクレットヒーター

ラクレット専用器。溶かして流す。
ラクレットを自宅で
楽しめるゼイタクな機械。

マリアージュ

Mariage

チーズとワインの組み合わせには

フヒヒ…

確実じゃ…

成功確率を高めるセオリーがあります。

パターンその①

しょっぱい

甘い

味が近いものを合わせる。

味が反対のものを合わせる。

パターンその②

同年代ッ

生産地・熟成度が近いものを合わせる。

でも実際は、試してみないとわからない。

ボクは何てモノを生みだしたんだ…

うまい…うますぎる

わなわな

わなっ

セオリーを無視した奇跡の組み合わせも。

石器、青銅器、鉄器の次くらいの時代には、すでに「チーズとワインは、一緒に食べるとおいしい」と人類にバレていました。

だからチーズがうまい国と、ワインがうまい国は、わりとかぶっています。ちなみにサッカーが強い国もかぶっているのですが、それは全然関係ないと思います。

正直言ってしまうと、適当に選んだしょぼいワインでも、めちゃうまいチーズと口の中で一緒にしてしまえば、なんだってそこそこおいしくなってしまうんですよね。

チーズはワインの足りないところをカバーしてくれて、ワインはチーズのクセを洗練させてくれるからです。

ただ、〝ドンピシャ〟な組み合わせには到底かないません。ドンピシャはおいしいの次元を超えて、悲しみ苦しみも超えて、どこか知らない世界に連れていってくれます。この感覚が欲しくて、筆者はチーズとワインの餓鬼と化すのです。

しかし一発ドンピシャが出たとしても、次また同じ組み合わせで食べて、初回と同じ感動を得られるとは限りません。また誰かにとってドンピシャな組み合わせだったからといって、自分にとって同じ衝撃があるとも限りません。

だからこそ面白い。ですが、だからこそ難しいのです。

そこでこんな手がかりを参考に、自分なりのドンピシャを探してみます。

▼手がかり1

「どうやら、似た雰囲気の味だと合うらしい」

チーズとワイン、さすがに原材料が違うから同じ味にはなりません。ただ「さわやか」とか「まろやか」といった**印象がかぶるもの同士**や、「樽の香り」と「ナッツっぽい香り」といった香ばしさ、みたいなもの同士はドンピシャ率高めです。

▼手がかり2

「どうやら、正反対の味も合うらしい」

よく言われるのが「しょっぱめ」の青カビチーズに「とても甘い」白ワイン、「クリーミー」なフレッシュチーズに、「発泡刺激」のあるスパークリングワイン。一方の味をおさえるとともに、引き立てるというドンピシャ効果が期待できるかも。

▼**手がかり3**

「もしかしたら、同じ産地は合うかもしれない」

九州の芋焼酎にはさつま揚げが、秋田の日本酒にはいぶりがっこが合うのと同じように、同じ土地で作られているんだから、きっと一緒に食べて飲んでおいしいものを作っているだろう、という推測の一つです。

▼**手がかり4**

「たぶん、熟成の度合いは合わせた方がいい」

年配の人がいると、若者の良さが消されがち。これはチーズやワインにも同じことが言えて、より熟成している方が、相手の存在感を薄くしてしまいます。
だからボジョレーのような新酒なら若いチーズと一緒に、年代物ワインなら熟成したチーズと一緒に、似たような年代で合わせないと、ドンピシャが出にくい。

いかがでしょうか。おわかりいただけましたか？
はっきり言って、たったこれだけの手がかりで、「ああ、はいはい了解」って反応できる人は、すでにチーズのことを熟知している方だと思います。
しかし、今日までチーかまやチー鱈、たまの贅沢に北海道カマンベールを食べて満足していたような人にとっては、まるで砂漠の中で、落とした右と左のコンタクトレンズを探すようなものじゃないでしょうか。
筆者としては、これからマリアージュを試してみようという人に、いきなり「いまいちな組み合わせ」を引き当ててほしくないです。

崖っぷち×犯人の告白、メガネ×ドジっ娘のように、チーズ×ワインにも世界的に素晴らしいと認められている、「鉄板の組み合わせ」があります。

よかったら最初だけは、そんな間違いないやつを試してみてはいかがでしょうか。

▼鉄板1

甘口の白×ロックフォール（青カビ）

甘口の白は、余裕があれば「貴腐ワインのソーテルヌ」という高級品にいってほしいです。最高峰の極上甘口でとろける最高峰のピリ辛青カビは、口の中を天上天下極上世界に塗り替えます。ただの天国です。合計５０００円前後で得られる体験としてはなかなか。ワインがなければハチミツでも。

▼鉄板2

シードル×カマンベール・ド・ノルマンディ（白カビ）

どちらも上陸作戦でおなじみのノルマンディ生まれ。ワインじゃなくてシードルなのですが、「産地で合わせるとおいしい」の定番なので、ぜひ試してみてください。そもそも、りんごとカマンベールを一緒に食べること自体うまいですが、本気のカマンベールと、りんごから生まれるシードルやカルヴァドスを合わせると想像を超えます。

▼鉄板3

軽めの赤×パルミジャーノ・レッジャーノ（ハード）

軽めの赤ならなんでもいいのですが、特に「ランブルスコ」っていう、わりとどのお店でも買える赤のスパークリングがおすすめです。ジャリ旨味感のあるパルミジャーノを噛みしめながら、口にワインをさらーっと流し込むと、ミルクの花が咲き誇りすぎて、ゲラゲラゲラーっと笑いがこみ上げてきます。

▼鉄板4

軽めの白×ヴァランセ（シェーブル）

ワインは欲を言えばソーヴィニヨン・ブラン、**さらに欲を言えば同じ産地の「サンセール」**にいってほしいです。ヴァランセの絶妙な噛みごたえに〝フェチ〟っているうちに、酸味と酸味がぶつかって、筆者を2DKのアパートから、さわやかな草原世界へと連れ出してくれます。

▼鉄板5

シャンパン×シャウルス（白カビ）

どっちもシャンパーニュ地方で作られたもの。同じ地元同士、理屈ではなく合う感じをたしかめてほしいです。「クリーミー」と「発泡刺激」という、口の中で決して出会ってはいけないはずの2つが混ざり合い、頭の中が一回エラーを起こします。そしてしばらくすると、いつの間にか「愛」に変わってる。

▼鉄板6
こくのある白×マンステール（ウオッシュ）

こくのある白は、できればライチ感のある「ゲヴェルツトラミネール」と合わせてほしいです。ケバめのギャルメイクと、納豆のような熟成臭という、ドギツイ者同士が正面からぶつかり合うとどういうわけか、上品で洗練された味わいに化けるもんだから、非常に驚かされます。

▼鉄板7

ピノ・ノワールの赤×エポワス（ウオッシュ）

誰がなんと言おうと最強の組み合わせです。グルメさんたちの間では「ワインはブルゴーニュの、できればジュヴレ・シャンベルタンに限る」なんてよく言われているそうですが、そこまで高級ワインじゃなくても十分楽しめると、個人的には思います。心がどうにかなりそうな**エポワスの破壊的な匂いを、ピノ・ノワールの薔薇の香りが包み込むと、**（……あれ？）ってなりますよ。

▼鉄板8

ポートワイン×スティルトン（青カビ）

驚きは少なめですが、定番感があるというか、何回食べても飽きないです。スティルトンの強めの塩味と、それを包み込むアルコール強めのポートワイン。そこから生まれ出るまろやかな味わいが、なんだかんだいって筆者は個人的に一番好きかもしれません。**ポートワインは開封してから1ヵ月以上もつ**ので、自宅に常備しています。日常的に、ちょっと飲んで食べたいときにおすすめです。

▼鉄板9

ボジョレー・ヌーヴォー×モンドール(ウオッシュ)

秋に解禁になるワインと、秋においしくなる季節限定チーズということで、おなじみの鉄板です。ぶっ飛ぶような衝撃はないかもしれませんが、普通にめちゃくちゃおいしいです。ボジョレーがきっかけでワインが好きになった人もいるように、「風物メニュー」からは**直接的な味とは別の幸福感を得られます。**ちなみにモンドールは熟成が進んでいくと、スプーンですくって食べられるほど、トロットロになりやがります。

▼鉄板10
重めの赤×ケソ・マンチェゴ（ハード）

ワインはできれば同じスペインのテンプラニーリョがおすすめです。力強い味同士がぶつかって、一瞬静かになったと思ったら、口の中がいきなり「濃厚」のエネルギーで満たされ、理性が弾き飛ばされます。ラーメンもジュースもアイスも、濃厚じゃなきゃダメ！という欲張りさんなら、きっと満足できると思います。

以上です。
この中には、なかなか売ってないものも、お財布事情に合わないものもあるかと思います。
ただ、どれか1パターンでも〝鉄板〟を試していただけたら、きっと、チーズとワインの底しれぬ恐ろしさに気づいていただけると思います。

さて、ここから先は、自分に合うマリアージュを探す番です。
これからご紹介するチーズたちの特徴をヒントに、あなたしか知らない奇跡の組み合わせを見つけてください。

「わかりやすくおいしいもの」から試してみよう!

…よし！
チーズ
やったぜ
完全に理解しました！
……
なんですかその顔！
いや〜チーズって奥深いんですね…
白とか青とか…あとなんだっけ
まあ色々あることがわかりました！
コルクさん！もう選んじゃいましょう！
伝説のワインに合うチーズ！
ええっ！もうですか⁉
はい！もう大丈夫です！

…いいでしょう
ざわ
ざわ
ざわ
では
選んでください
私の方で
かなり絞り込んで
おきましたから
チーズたちが
ヒトとして暮らす
世界…
チーズ界の
学園へようこそ!
ガチャ
え
3種類
くらいじゃ
ないの…
でも全然
集まってないですね
そうね
ここにいる
10倍くらいは
生徒がいるんですけど…
じゅ
10…!?

ニコ…
……
安心してください
これまではチーズの勉強のほんの入門…
はじめてのチーズ
ここからはチーズの種類についてもう少し詳しく勉強しましょう
はい…
また生徒コスプレするのか…
生徒たちと一緒に生活し彼らのことをもっと知って欲しいのです
あ！ そうだお伝えし忘れたことがあって

伝説のワインに合うチーズを選ぶチャンスは
『一度きり』
失敗すればこの世界の未来はありません
へ…
へ!?
なので慎重に選んでくださいね
えいやそんなの聞いてないですけど
いやチャンスは一度きりなんて絶対無理です!
言うの忘れてました
さお勉強を始めましょう
無理ィィィィィィ

お店でポテチ選んでたから即滅亡かと思いましたよ
ゾッ
セーフ
セーフ

第2部

いろんなチーズ

Liste de fromages

世界のチーズ

チーズとは、ミルクを「酵素」で固めて、そこから「ホエイ」を抜いて、型に流したもの。ただ同じチーズでも、その土地の雰囲気や、熟成のさせ方、牛や羊や山羊が食べている牧草の違いなどによって、まったく違う性格のチーズが誕生します。

フランスチーズ

ロックフォールやカマンベールなど、数々の「チーズのお手本」を生んだ国です。「ひとつの村にひとつのチーズ」と言われるほど、いろんなタイプと形があります。消費量も世界一です。

イタリアチーズ

ペコリーノ・ロマーノ、パルミジャーノ、ゴルゴンゾーラなど、料理を大化けさせる系のチーズが多いです。北部はハードタイプ、南部はフレッシュタイプが有名です。

スイスチーズ

作っているのはラクレットやエメンタールなど、長い冬を越すために作られた、保存がきく「山のチーズ」が主流です。またチーズ作りのルールが他の国より厳しめ。

スペインチーズ

とにかく自由なスタイル。ひとくくりに「スペインチーズ」とは呼べない感じがするほど、各地で独特すぎるチーズが作られています。びっくりするような味が多いです。

オランダチーズ

日本にはじめてチーズを教えてくれた国のチーズです。クセが欲しいときにはちょっと物足りないかもしれませんが、なにを食べても安定の味。日本人の口に合います。

世界のチーズ

イギリスチーズ

伝統的なチェダー、スティルトンを中心に、それらをベースとした、新しいフレーバーのチーズが生まれています。

アメリカチーズ

ハンバーガーやピザ、ナチョスに合うような、大量生産、大量消費タイプのチーズがほとんどです。難しいことは考えずに、ガツガツと食べられるのが魅力です。

デンマークチーズ

基本的に他国を真似して作ったチーズが多く、一部のチーズヲタからは敬遠されています。ただ「〜風でいいかな」というときには、安く買えるのでありがたい存在です。

第1章

つるつる飲める軽めの赤ワインに合うチーズ

Fromage et vin rouge léger

代表的な品種

- **ガメイ** …… ボジョレーでおなじみ。いちごの香りの早のみタイプ。
- **マスカット・ベーリーA** …… ほのかにただよう黒蜜と、酸味のフレーバー。
- **ピノ・ノワール** …… バラの香りに、赤いフルーツの味わい。

パルミジャーノ・レッジャーノ

イタリアチーズの風紀委員長兼女王。ドライパイナップルのような香りとコク。

ハードタイプの最高傑作でしょう。ブランドの意地をかけて脱脂しているので、乳脂肪分がめちゃ少なく、固くてぼろぼろする塊です。その分かじったときの旨味の爆発力が凄まじい。単体でも調味料としても、誰が食べても間違いない味です。ドライパイナップルのような香りも最高。パルメザンチーズはこれのレプリカです。

組み合わせ

エミリア・ロマーニャ州の軽めの赤

同じ産地の「ランブルスコ」と合わせて…

タイプ：ハード/セミハード

切り方：サイコロ状、削る

DATA	原料	乳脂肪分	熟成期間	レア度
	無殺菌	32%	1年	B ときどき見かける

パルミジャーノ・レッジャーノはハード中の超ハード。
私、ハードなので。
↑口ぐせ
「製造は1日1回熟成は最低一年」
バーリバーリ
バリバーリ
カラオケいこー
わははは
そんな厳密なルールを守り続けています。
しかし食べると印象がガラッと変わり・・・
あら転入生さん今帰り？
・・・もしかしてパルミジャーノ・・・⁉
？普通ですが・・・
ど どうしたのそんな格好で
しっとりとした食感！噛む程に溢れ出す旨味！
シャリシャリするのは塩ではなくアミノ酸の結晶。
ええええ
これからジムに行きますが一緒にいかがですか？
ジム⁉
乳脂肪分も少なくダイエット向きです。

軽めの赤ワイン向け

カマンベール・ド・ノルマンディ

AOP

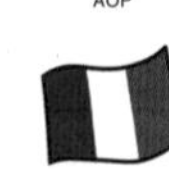
フランス

母性を感じるまったりお姉さん。ノルマンディ生まれの本家は唯一無二の存在感。

カマンベールはどこでも売ってますが、本物を名乗れるのは「カマンベール・ド・ノルマンディ」だけ。「知ってるやつと全然違う？」と気づいた次の瞬間、海風を受ける牧草を食べた牛のミルクによって生まれる唯一無二の味ワールドへ吸い込まれます。シードルやカルヴァドスなどの「りんご系」と合わせればさらなる高みへ。

組み合わせ

北フランスの軽めの赤

シードル（スパークリングでも）

タイプ：白カビ

切り方

DATA	原料	乳脂肪分	熟成期間	レア度
	無殺菌	45％	21日	A チーズ店ならあるかも

カマンベールは日本を含め世界中で無数に作られていますが
へー
本家のお嬢様なんだ
やだぁ
そんな大袈裟じゃないよう
AOPで保護されている「本家」はこのカマンベール・ド・ノルマンディだけ。

「本家」は熟成が進んでいくと中がとろける感じがあって
じゃあいつも持ってるその壺もさぞや由緒正しい…
ああこれ？持ってみる？
いいの？
ただのミルク感じゃないどこでも味わったことのない独自の世界観が開かれています。

まあただの通学カバンだけど…
って聞いてる？
もしもーし
なんだろう…心に慈愛が満ちてくるようだ…
じわぁ
この世界観をいったん気に入ると普通のカマンベールでは物足りなくなるかも…

ミモレット

フランス

人なつっこい能天気女子。熟成するとカラスミのように落ち着いた和風になる。

タイプ

切り方
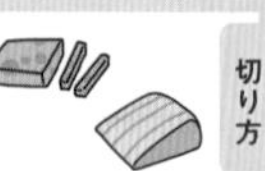

若いものは普通に酸味があって柔らかいけど、熟成期間が長くなるほど、ほろ苦さとこくをめっちゃ閉じ込めてカチカチになります。噛みしめると、じんわり「旨み」がしみ出るため、「カラスミ」とも言われます。この旨味は〝シロン〟っていうダニが表面を凸凹にして作ったもので、ミモレットならではのもの。

組み合わせ

北フランスの軽めの赤

日本酒（できれば純米酒）

DATA

原料	乳脂肪分	熟成期間	レア度
牛	40%	2カ月～24カ月	B ときどき見かける

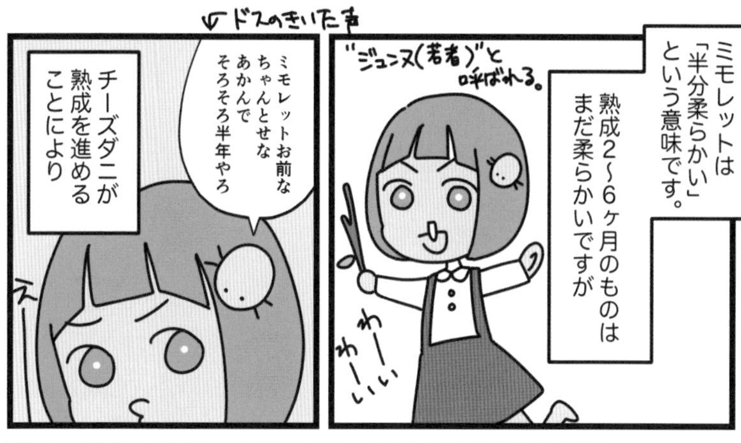
ミモレットは「半分柔らかい」という意味です。
熟成2～6ヶ月のものはまだ柔らかいですが
"ジュンヌ(若者)"と呼ばれる。
わーいわーい
↓ドスのきいた声
ミモレットお前なちゃんとせなあかんでそろそろ半年やろ
チーズダニが熟成を進めることにより
え

どんどんコクと旨味を増していきます。
6ヵ月
12ヵ月
18ヵ月

熟成一年以上になり「ヴィエイユ」と呼ばれる頃にはナイフで切れないほど固く熟成。
まるでカラスミのような深い味わいになります。

エナンタール

スイスAOP

スイス

素っ気ないけど、子どもやお年寄りにも優しい味。ほろ苦さとほのかな甘み。

タイプ：ハード/セミハード

切り方

見た目はトムとジェリー。味は（あれ、チーズはどこいっちゃった？）って思うほど素っ気なく、遠くでほろ苦さと甘さを感じるレベルです。それくらい繊細な味わいなので、線の細いワインが合いますね。ちなみにこんなに穴があるのは、炭酸ガスが外に出られないほど、生地が引き締まって弾力のある証拠です。

組み合わせ

ジュラかサヴォワ地方の軽めの赤

DATA	原料	乳脂肪分	熟成期間	レア度
	無殺菌	45%	4カ月	B ときどき見かける

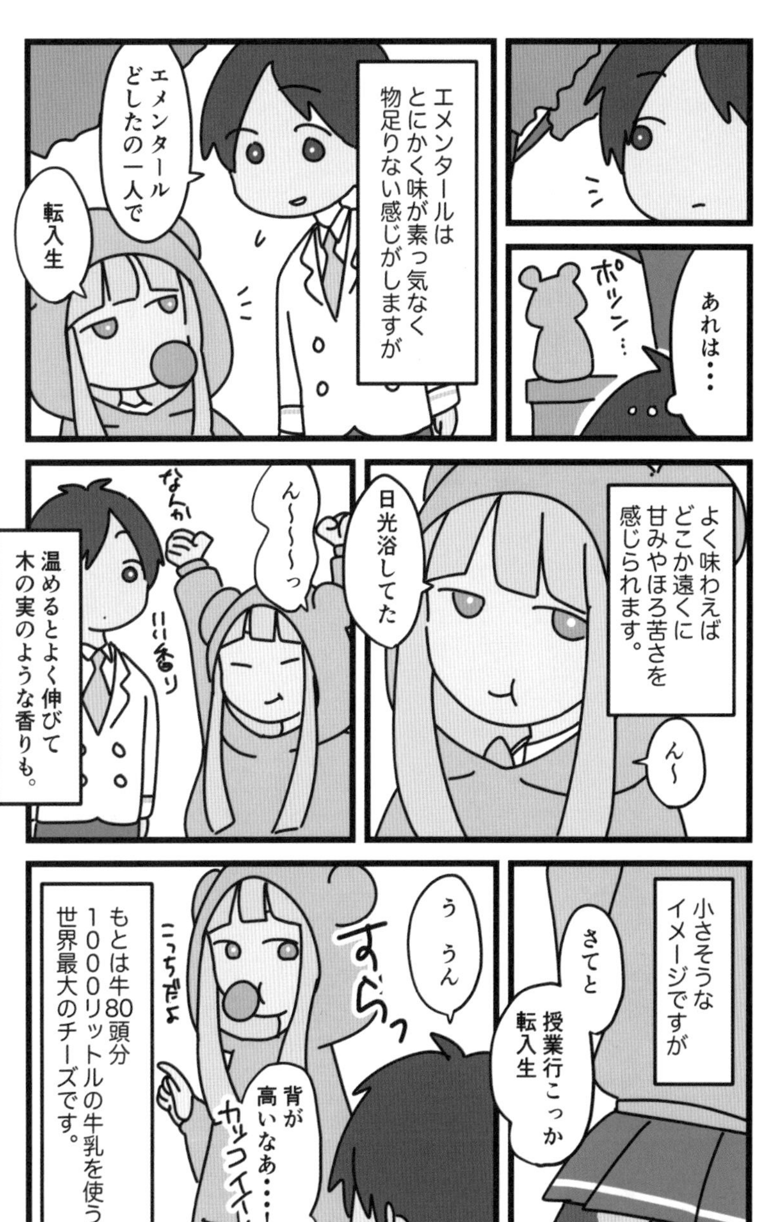
あれは・・・
ポツン…
エメンタールはとにかく味が素っ気なく物足りない感じがしますが
エメンタール どしたの一人で
転入生
よく味わえばどこか遠くに甘みやほろ苦さを感じられます。
ん〜
日光浴してた
ん〜〜〜〜っ
なんか
香り
温めるとよく伸びて木の実のような香りも。
小さそうなイメージですが
さてと 授業行こっか 転入生
う うん
すらっ
こっちだよ
背が高いなぁ・・・!
カッコイイ…!
もとは牛80頭分1000リットルの牛乳を使う世界最大のチーズです。

軽めの赤ワイン向け

アイリッシュ・ポーター

ぱっと見、キツそうだけど実はひかえめ。黒ビールの香ばしさと優しい旨味。

タイプ

切り方

見た目は若干「ケバい」「グロい」感じがしますが、実際はあまりクセがなくて、味がとってもひかえめなチェダーチーズです。黒くマーブル模様になっているのは黒ビールが練り込まれているから。これがチョコレートのような複雑な風味を生みます。盛り合わせにしたときに、見栄えがするのでパーティにもおすすめ。

組み合わせ

軽めの赤

黒ビール

DATA	原料	乳脂肪分	熟成期間	レア度
		40%～52%	9カ月	A チーズ店ならあるかも

バタバタ
やべおくれる

彼女は
アイリッシュ・ポーター。
わ
ギョロ
派手なビジュアルなので
第一印象はギョッとするかも
しれませんが

実はとっても控えめな味。
ここ通るの？
どうぞ

マーブル模様は黒ビールが
練り込まれたもので
アイリッシュ！
帰りアイス食べに
いかない？
いいよ

これが
チョコレートのような
香ばしさと
ねっとりした食感を
生み出しています。
チョコに
しようかなー
オレも
行く!!
オレも!!
黒ビールだけでなく
ウイスキーやコーヒーとの
相性もばっちりです。

軽めの赤ワイン向け

ポン・レヴェック

優しい性格でみんなから慕われている。初心者向けのウオッシュタイプ。

くさくておなじみの「ウオッシュ」にしては、匂いも口当たりも優しめなので、これから入門するのはおすすめ。なんとなく、たくさんみたいな滋味深さに癒やされます。単体だと刺激好きな人には物足りないかもしれませんが、その分どんなワインにも合わせやすいです。気づいたら、こういうのを一番愛してたりするんですよね。

組み合わせ
北フランスの軽めの赤

熟成が進んだら重めのワインと合わせてね

タイプ

切り方

DATA

原料	乳脂肪分	熟成期間	レア度
牛	45%	2週間	 B ときどき見かける

ポン=レヴェックは
匂いも味もとにかくやさしくて
親しみやすいチーズ。
転入生くん！
お昼一緒に
食べないかい？
お弁当
おいしそう！
そうかな？
たくあんいる？
煮物もあるよ
ポン=レヴェックが口に合わなかったら
ウオッシュはまだダメかもしれません。
ウオッシュは
エポワスさんとか
マロワール君とか
強そうな人たちが
多いけど
レヴェック君は
おだやかだなあ
味がおだやかなので
ワインと合わせると
リラックスした味になります。
今度の休み
ビーチに行って
のんびりしないかい？
いいね！
レタスと一緒に
バケットサンドにしても
なごやかな味。

ケソ・テティージャ

ちょっとセクシーで男子たちを混乱させる。甘い乳の香りと弾力のある食感。

タイプ

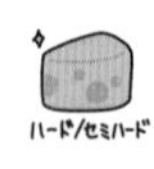

切り方

適当

「おっぱい」みたいな形をしてるから、「おっぱい（ティージャ）」と名付けられました。「尼さんのおっぱい」と地元で親しまれているそうです。不謹慎というか無邪気というか。味はまろやかプレーンです。単体で食べてもおいしいですが、サンドイッチにしたり、生ハムと一緒に食べると急に口の中だけスペイン人になれます。

組み合わせ

スペインの軽めの赤

いろんなスペインワインと合わせてみてね！

DATA	原料	乳脂肪分	熟成期間	レア度
	牛	45%	1週間	A チーズ店ならあるかも

軽めの赤ワイン向け

シュプレム

フランス

ログセは「最&高」。底無しのポジティブ女子。クリーミーでなめらかな舌触り。

タイプ　白カビ

切り方

フランス語で「最高」っていう意味ですが、最高にミルキーです。サイズも乳脂肪分もカプリス・デ・デューとほぼ一致。サン・タンドレにはかなわないですが、どれを選んだとしても、ミルク感に溺れたいときは大正解です。あ、最高と言えば、全然クセがないので、おやつ代わりに濃い紅茶と一緒に食べると心が満たされます。

組み合わせ

軽めの赤

こくのある白ワインと合わせるのもおすすめ!

DATA	原料	乳脂肪分	熟成期間	レア度
	牛	60%～62%	なし	B ときどき見かける

軽めの赤ワイン向け

カマンベール

フランス

初対面でも気を許せるまったりお姉さん。舌の上でとろける安心安定の味。

世界中に「白カビチーズ」の存在を知らしめた最強の量産型。カマンベールは誰でも名付けられるのでどこにでもあります。大手乳業会社が作っている「誰からも愛されるタイプ」が多く出回っている中、本家ノルマンディAOPではなくても、無殺菌で作られたクセの強いものも存在します。カマンベールからはじめてカマンベールで終われ。

組み合わせ
軽めの赤

スライスしたりんごと食べても美味しいよ

タイプ：白カビ

切り方

DATA	原料	乳脂肪分	熟成期間	レア度
	牛	45%	なし	C どこでも売ってる

モンドール

金のアクセサリーだらけの成金男子。トロトロでコクがあり、木の良い香り。

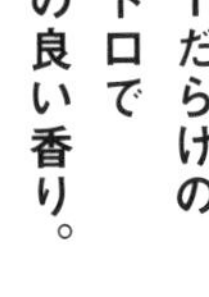

タイプ

切り方

熟成が進むとトロトロになるので、スプーンですくって食べるタイプ。11月頃が旬なので、ボジョレー・ヌーヴォーの解禁日のニュースが流れたら、「モンドールの季節キター！」と叫びましょう。エピセアっていうもみの木の棚＆木箱で熟成させるので、お上品な香りがたまりません。「チーズの真珠」と呼ばれるだけの高級感があります。

組み合わせ

ジュラ地方の軽めの赤

クリーミーだからコクのある白ワインとも合わせやすいぞ！

DATA	原料	乳脂肪分	熟成期間	レア度
	 無殺菌	45%	3週間	S めったに見ない

recipe

ヤングコーンと カマンベール

recipe

材料

・カマンベール
・皮つきの生ヤングコーン
・あらびき黒こしょう

作り方

① ヤングコーンの穂先をカットし、皮（外側 3 枚くらいだけ）を取りのぞく。
② 残りの皮ごとラップをかけ、500W のレンジで 4 分間加熱する。
③ 縦に切れ目を入れて皮をひらき（やけどに注意）、食べやすい大きさにカットする。
④ お皿に盛りつけカットしたカマンベールを適量トッピングし、黒こしょうをふる。

※中のヒゲごと食べられる

recipe

タリアータ

材料

・パルミジャーノ…好きなだけ
・牛ステーキ肉…1 枚
・バルサミコ酢…100cc

作り方

① 室温に戻した牛ステーキ肉に塩こしょう（分量外）をして表面をしっかり焼く。
② アルミホイルで包み、休ませる。
③ バルサミコ酢を 1/3 くらいの分量になるまで弱火で煮詰める。
④ ②の粗熱がとれたら、1cm 幅くらいにスライスしてお皿に盛り、③を回しかける。
⑤ パルミジャーノを薄くスライスして、お肉の上に散らす（ピーラーを使っても OK）。

第2章

さらさら飲める すっきり白ワインに 合うチーズ

Fromage et vin blanc sec

代表的な品種

- ソーヴィニヨン・ブラン……ハーブやグレープフルーツの爽やか系フレーバー。
- 甲州……和食にも合わせやすい品の良い香りと味。
- ピノ・グリージョ……イタリア産はすっきり。フランス産はこくあり。
- アルバリーニョ……梨や青リンゴのような酸味とミネラル感。

サントモール・ド・トゥレーヌ

曲がったことが大嫌いなラストサムライ。シェーブルらしい硬派な味わい。

タイプ：シェーブル

切り方

「トゥレーヌ」は木炭の粉がまぶされて、ワラが1本通ってるんですが、見た目のキャッチーさに惹かれて、うっかり食べたら「シェーブル最高かよ……」となりました。酸凝固のおかげで、めちゃシルキーな、ほろほろとラムネ菓子みたいな舌触り。香りも最高で、山羊乳のなんかシュッとした感じ、牧場を駆け抜けてる私。

組み合わせ
ロワール地方のすっきり白

DATA

原料	乳脂肪分	熟成期間	レア度
無殺菌	45%	10日	A チーズ店ならあるかも

え〜っ！
あの棒をなくしたぁ〜!?
いつものトゥレーヌ君すごくキリッとしてるのに・・・
とぼ…
これはもともと型崩れ防止ですが
生産者番号も書かれていて品質への自信ですね。
どうしよう転入生〜！
うわーーーん
サントモール・ド・トゥレーヌには藁（わら）が一本通っています。
あれ？これじゃない？
名前書いてある
これだぁありがとう！
わーーん
スチャ
恩に着るぞ
乳酸菌によってミルクを固めるので味はヨーグルトっぽく食感はほろほろです。

ヴァランセ

プライドが高いリーダータイプ。表面は木炭の粉で覆われている。頭のてっぺんが特徴的。

絶対怒られると思うんですが、味はサントモール・ド・トゥレーヌと区別がつかないので、同じくらい愛してます。錦玉子のようなホロホロ食感に、しゅっとした酸味、駆け抜ける牧草、最高、以上です。エジプトに負けたナポレオンが、ピラミッドっぽくてムカつくからと、頂上をぶった切って今の形になったという伝説があります。

組み合わせ

ロワール地方のすっきり白

ソーヴィニヨン・ブラン種のワインと合わせるのが鉄板！

タイプ

シェーブル

切り方

DATA

原料	乳脂肪分	熟成期間	レア度
無殺菌	45%	1週間	A チーズ屋ならあるかも

あれ誰か帽子忘れてない？
ああそれはヴァランセのだな
ぼうしー
ヴァランセの特徴は四角錐という珍しい形。
ぴーゅーの
サントモール・ド・トゥレーヌセル・シュール・シェールと合わせて
すまぬ転入生助かったぞ
ぐす
全くヴァランセは早く準備しろ
「ロワール地方のシェーブル」ということで味わいの特徴はそっくりです。
きめ細かい食感や独特の爽やかな香り熟成によって抑えられた酸味など
わくわく
３人でどこか行くの？
木炭浴び。
転入生も行くか？
ロワールのシェーブルは「山羊好き」にとっての欲しい要素が詰まっています。

すっきり白ワイン向け

バノン

恥ずかしがり屋で人見知り。ほんのり栗の葉の香りがする。

リアルな栗の葉で包んであるんですよ。もうパッケージからして（田舎のおばあちゃんのお持たせ）的なうれしさがぐっとこみ上げてくる。はあ、帰りたい。柏餅みたいに葉っぱの匂いもしっかりついてます。食感もはじめは本当に栗みたいにほくほくしてるけど、熟成すると酒かすみたいにトロトロになってこれもかなり愛せます。

組み合わせ

プロヴァンス地方のすっきり白

熟成したら日本酒とも合わせてみてください

タイプ

切り方

DATA

原料	乳脂肪分	熟成期間	レア度
無殺菌	50%	10日	A チーズ店ならあるかも

図書館
転入生さん
バノン！
なにしてるの？
いとこたちに
葉書書いているの
昔バノンは
村の各家庭で
作られていました。
へー！
素敵だね
家庭によって
タイムや
ローズマリーなど
ハーブをまぶしたり
たくさんいて
なかなか
会えないから
ほんとだ！
牛乳で作ったり
羊乳で作ったり
作り方はさまざま。
でも
AOPのバノンは
「山羊乳」で
作ったものだけ。
職人さんに
栗の葉で包んでもらって
熟成したバノンは
「酒かす」のような
芳醇な香りです。

すっきり白ワイン向け

バラット

フランス

正統派妹タイプでみんなから可愛がられている。意外とさっぱりとした性格。

ちっちゃくて、楊枝がささってて、とにかくビジュアルがかわいくて死にそうです。えーなになに？ 電源ボタンみたい！ って声が出ちゃいそう。酸味＆さっぱりなので、同じく酸味＆さっぱりな「アリゴテ」という品種を使ったワインと合わせると、ああ、なるほどバラットはこのために生まれてきたのかと思います。

組み合わせ

すっきり白

アリゴテ種のワインがあれば完璧！

タイプ

切り方

適当

DATA	原料	乳脂肪分	熟成期間	レア度
		45%	なし	 A チーズ店ならあるかも

今日も平和だなあ・・・
ん？
？なんだこれ
ぐい
ひゃあっ
見つかっちゃったあ
幼い子どもが紙粘土を丸めて作ったりんごみたいな
バラット！
さくらんぼ大の小さなボールにようじが刺さっているなんともあどけないチーズ。
あーバラットいたいた！
今日水やり当番でしょ〜！
ハーイ
それがバラットです。
お皿に並べればピンチョス風に。山羊乳が苦手な人にもおすすめ。
キャー
コラー！水で遊ぶなー！
よく冷えたみずみずしい白ワインと一緒に食べると格別です！

すっきり白ワイン向け

フェタ

いつも後光がさしていて神々しい雰囲気。塩気が強いのでサラダにするのがポピュラー。

「スライス」という意味の、ギリシャ神話にも登場するフレッシュチーズ。もろくて崩れやすくて、しょっぱくて、酸味があります。風味を出すために山羊乳が混ぜられることが多く、いるか？　いないか？　程度に「山羊」の気配を感じられるのがいい。オリーブオイルに漬けて、ドレッシング代わりにすると大人の味。

組み合わせ

ギリシャのすっきり白

ギリシャのワインをゲットしたら絶対フェタ！

タイプ：フレッシュ

切り方

DATA

原料	乳脂肪分	熟成期間	レア度
羊・山羊	43%	2ヵ月	B ときどき見かける

ギリシャで生まれた最古のチーズ「フェタ」
神殿のお供物にもなっていました。
ざわ…
古代ギリシャの時代からワインの酸っぱさをやわらげるために
このチーズを合わせていたとか。
へぇー そんな昔から
かじるともろくほろほろと崩れやすく
フラー
あ…
大丈夫？
ほのかな酸味と乳臭さそしてしっかりと塩気を感じられます。
大丈夫よありがとう
ちょっと保健室行ってきますね
ちなみにオレンジやレモンなど柑橘類とも合いますよ。
フェタ…？

ブッラータ

イタリア

クリーミーすぎる味わいで、着実に人気を伸ばしているモッツァレラの妹分。

モッツァレラの生地を巾着状にして、生クリームと細かいモッツァレラを入れるなんて。こら！　ありがとう。〝バターのような〟という意味の、めちゃ甘えん坊さんなチーズです。切ると中身がトロッとあふれ出して、はちみつとフルーツを合わせたらただのデザートですね。風味が落ちるので、その日のうちに食べてね。

組み合わせ

プーリア州のすっきり白

イタリアのスパークリングワインも合わせてみて

タイプ：フレッシュ

切り方：適当

DATA	
原料	牛
乳脂肪分	75%
熟成期間	なし
レア度	B ときどき見かける

余ったモッツァレラと
生クリームで作られた
ブッラータは
これ以上ないと
いうくらいの「濃厚」さ。
ナイフを入れると
中からクリームが
あふれてきます。
ときどき
葉っぱで包まれている
ものがありますが
そのブランケット
かわいーー！
似合ってるね！
ほんと？
これは葉の色で
鮮度を確かめていた
昔の名残のパッケージ。
あれブッラータ
もう帰るの？
このあと皆で
カフェ行くんだけど
つまり
はやく食べろと
いう意味です。
ごめん
うち門限
厳しいんだぁ

クロタン・ド・シャヴィニョル

背が小さいことを気にしていつもプンプン怒っている。ほっくりとした噛みごたえ。

ちっちゃくて可愛くて、こくが強い、しっかり強い。食感が栗超えのほくほく感で、やみつきになります。味はシェーブルにしては山羊感が少なめで食べやすいです。パンの上にクロタンのせて焼いたものをさらにサラダにのせる「クロタンサラダ」にして食べれば、味は凝縮、ほくほくふわふわで、笑いが止まりません。

組み合わせ

ロワール地方のすっきり白

サンセールのワインとよく合うよ！

タイプ

切り方

DATA

原料	乳脂肪分	熟成期間	レア度
無殺菌	45%	10日	A チーズ店ならあるかも

「クロタン」は
馬や羊の「ふん」という意味。
クロタン
もー
フンじゃ
ないもん！
カビにおおわれた
ちっちゃい姿が
ふんに似ているからとも
言われますが
本当は粘土でできた
「クロット」というランプに
似ているからとか？
ランプってことに
しといて！
こんがり…
パリでは
クロタンサラダとして
人気があります。
クロタンを
フランスパンの上にのせ
オーブンで焼いて熱々のうちに
冷たい野菜にのせたものですが
ぐう…
お嬢ちゃん
熱中症になるぜ
葉っぱ
かけといたろな
クロタンをフォークで
崩しながら食べると
白ワインにとてもよく合います。

モッツァレラ・ディ・ブーファラ・カンパーナ

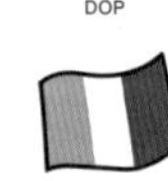

誰にでも優しい理想のお姉様。あっさり口当たりと、ほとばしる濃厚汁。

誰もが知ってるあっさり、むちむち、ミルキーな人気者。元祖である「ディ・ブーファラ・カンパーナ」はさらに、水牛のミルクを使った高級なもので、水牛ミルクのぶしゅーってあふれるジューシーさ、クリーミーさが予想を超えてきます。赤ちゃんになりそう。味が淡白なので、トマトや果物とかと一緒に食らいつけ。

組み合わせ

カンパーニャ州のすっきり白

タイプ：フレッシュ

切り方：適当

DATA

原料	乳脂肪分	熟成期間	レア度
	52%	なし	A チーズ店ならあるかも

引っ張ると
糸状に裂けて
食べると弾力があり
びよーーん
加熱すると
モチモチ感がアップして
糸のように伸びる。
みよーーん
うわああ
ああああ
ああああ
ゆ 夢・・・
ゼーー
イタリアでパスタフィラータ
(繊維状の生地)と呼ばれる
チーズの代名詞とも言えるのが
このモッツァレラ・ディ・
ブーファラ・カンパーナです。
ブーファラさん
出番でーす!
てあれ?
ただ単体では
意外と存在感がなく・・・
トマト・桃・柿・いちじく
いちご・メロン・生ハム・
お豆腐などを合わせて
オリーブオイル・塩胡椒
バジルなどと
一緒に食べると
はいOK!
ブーファラちゃん
かわいいよ〜!
一気に存在感増!

すっきり白ワイン向け

セル・シュール・シェール

他のシェーブルたちが個性的すぎて戸惑う男子。酸味、こく、香りのバランス感がある。

味の性格はサントモール・ド・トゥレーヌやヴァランセとほぼ同じですが、山羊乳の香り、こく、酸味のバランスが良いです。上質なシェーブルを食べたかったら、この3種類のうちのどれかを選べば間違いないと思います。あとは見た目の好みでしょうか。これが一番ノーマルな形状をしています。

組み合わせ

ロワール地方のすっきり白

フルーティーな赤ワインと合わせてもいいのです

DATA

原料	乳脂肪分	熟成期間	レア度
無殺菌	45%	10日	A チーズ店ならあるかも

タイプ

切り方

モッツァレラ

どこにでもいそうな癒やし系女子。あっさり&ジューシーで世界中で人気。

タイプ フレッシュ

切り方 適当

ピザが普及するとともに、モッツァレラの需要が増えてきた。でも水牛が減少してきちゃった。じゃあ「水牛乳がわりに牛乳つかう?」ということで爆誕した牛乳版の量産型モッツァレラ。なめらかつるつる、味わいあっさり、値段もお手頃。トマトと一緒にカプレーゼにしたりしたら、いつまでもプニプニ食べていられます。

組み合わせ
すっきり白

焼いてもトロトロでおいしいよ

DATA	原料	乳脂肪分	熟成期間	レア度
	牛	50%	なし	C どこでも売ってる

フロマージュ・ブラン

疑うことを知らない世間知らずの男の子。ほどよい酸味とこくでさっぱり。

タイプ

切り方

「白いチーズ」の意味。フレッシュの中でも1番のフレッシュ感。酸味もある、完全に「水（ホエイ）を切ったヨーグルト」です。ヨーグルトと同じ食べ方をすればほぼほぼほぼ正解。しかしチーズ（英語）、カッチョ（イタリア語）、ケーゼ（ドイツ語）、ケソ（スペイン語）と呼ばれる一方で、「フロマージュ」と名付けるおしゃれ泥棒よ。

組み合わせ

すっきり白

スパークリング

DATA	
原料	牛
乳脂肪分	0%～40%
熟成期間	なし
レア度	B ときどき見かける

ハルミ

キプロス

つねに無表情なミステリアスガール。暑さに強い。独特な食感がたまらない。

パスタフィラータといって、いわゆる繊維状に生地がびよーんって伸びるタイプなんですが、こんがり焼いても伸びない、溶け出さない、変わったチーズです。その性質を利用してステーキとかフライにして食べるんですが、噛んだときのキュウっていう食感がたまらなく快感です。表面にはミントの葉があっておしゃれ。

組み合わせ
ジュラ地方のすっきり白

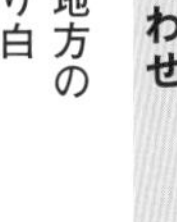

タイプ
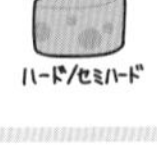

切り方

DATA

原料	乳脂肪分	熟成期間	レア度
	47%	なし	A チーズ店ならあるかも

recipe

サントモールのカプレーゼ

recipe

材料

・サントモール
・トマト…1 個
・オリーブオイル…適量
・バジル
・あらびき黒こしょう

作り方

① サントモールを 5mm 幅くらいに 6 ～ 8 枚スライスする。
② トマトを 6 ～ 8 枚にスライスする。
③ お皿の上に①と②を交互に重ねるように盛りつける。
④ オリーブオイルを全体にふりかける。
⑤ ちぎったバジルをちらし、黒こしょうをふる。

recipe

フェタとオリーブのサラダ

recipe

材料

・フェタ…50g
・オリーブ（たね抜き）…50g
・オリーブオイル…適量
・にんにく…適量
・おこのみのハーブ…適量
・きゅうり…1/3 本
・トマト…1/2 個
・サニーレタス…2 ～ 3 枚

作り方

① フェタを 1cm 角に切る。
② プラスチック容器にフェタとオリーブを入れて、ひたひたになるくらいまでオリーブオイルをそそぐ。
③ ②にスライスしたにんにくと塩こしょう（分量外）とお好みのハーブを加え、ひと晩、漬け込む。
④ きゅうりとトマトを一口サイズに切り、漬け込んだフェタとオリーブと和える。
⑤ ちぎったサニーレタスをお皿にしき、④を盛る。

recipe

モッツァレラ ひややっこ

材料

・モッツァレラ…1 個
・おこのみの薬味…適量（刻みねぎ・大葉、おろししょうが、かつお節など）
・めんつゆ…適量

作り方

① モッツァレラを 1cm 幅くらいにスライスする。
② お皿に盛って、薬味をのせる。
③ めんつゆを少量かける。

第3章

ほどよく飲める
ミディアム赤ワインに
合うチーズ

Fromage et vin rouge

代表的な品種

- **メルロー** …………………… 渋味、酸味いずれも
ひかえめでまろやか。
- **サンジョベーゼ** ………… 「キャンティ」でおなじみ。
渋味と酸味のバランス抜群。
- **マルベック** ………………… カシスやスミレの香りと、
ほど良い渋み。

ミディアム赤ワイン向け

エダム

赤ずきんがチャームポイントの心優しい少女。どこかホッとするような味わい。

タイプ

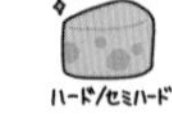

切り方

赤いワックスでコーティングされていて、まるでりんごのようなビジュアルにキュンときます。皮を作らない、空気に触れさせない、のリンドレスタイプだから、よっぽどのことがない限り味は安定。誰が食べてもチーズそのものの味です。赤ワインはフルーティーなものが合います。熟成したものはすりおろして粉チーズにしても。

組み合わせ

ミディアム赤

軽めの赤ワインや辛口の白ワインとも合わせやすいよ！

DATA

原料	乳脂肪分	熟成期間	レア度
	40%	120日	

エダムは
赤いコーティングに
目を奪われますが
これはワックス。
それ食べちゃ
だめええ
おなか
こわすよ
?

熟成の若いものは
少しの酸味と
バターのような
味わいがあります。
Vinegar
Butter
バター
ビネガー
天才
か!?
熟成したものは
すり下ろして粉チーズに
することが多いです。
サラララー
何まいてるの!?

ちなみに
赤いワックスは輸出用で
オランダ国内用は黄色。
ずるーい!!
私も
海外行きたい!
いってきまーーっす
色を分けているのは
輸出用の品質管理に
特に気をつけている
からだとか。

ミディアム赤ワイン向け

カチョカヴァッロ・シラーノ

イタリア

いつも馬に乗っている世間知らず系お嬢様。クセのない味わいと独特な食感。

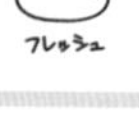
タイプ
フレッシュ

切り方
適当

ひもでくくって、ひょうたん形にしたチーズ。噛むとジューシー、焼くとのびるタイプ。水分量（ホエイ）が少なく、凝縮したモッツァレラみたいですが、よりクセがあります。焼き目つけたものが、流行っています。オシャレです。AOPに「シラーノ」がありますが、味としては燻製した「アフミカータ」の方がエッジが効いてます。

組み合わせ
南イタリアのミディアム赤

1cmくらいにスライスして小麦粉をつけて焼いてみて

DATA	原料	乳脂肪分	熟成期間	レア度
	牛	38%	15日〜2年	B ときどき見かける

カチョカヴァッロは「馬のチーズ」という意味。
丸いひょうたん形が特徴です。
2個1組をひもで結びつるした棒に渡して乾燥&熟成させるため
その様子が馬にまたがっているように見えたとか。
ははは
フライパンなどでカリッと焼き上げるととろっとした食感を楽しめます。
ぽか
ぽか
クセのない味わいですが
とけとるぞ
燻製にした「アフミカータ」はそのままでも風味あり。
熟成した「ビアンコ」は酸味のきいた深いコクが生まれます。

ミディアム赤ワイン向け

テット・ド・モワンヌ

スイスAOP

スイス

無口で敬虔な修道士。濃厚なこくと旨味。専用の器具で薄く削って食べる。

なんといっても、専用の削り器「ジロール」があるのが最高。この道具を使って削ることによってカンナ屑のようなフリルのような、言わば「天使の羽」を大量発生させることができるのですが、見た目も口溶けもエアをたくさんまとうので神がかっているだけでなく、香りがファーッと立ちやすく、幸福で意識が遠のきます。

組み合わせ

ジュラかサヴォワ地方のミディアム赤

こくのある白ワインとも合うのでございマス

DATA

原料	乳脂肪分	熟成期間	レア度
無殺菌	51%～54%	75日	A チーズ店ならあるかも

タイプ

ハード/セミハード

切り方

テット・ド・モワンヌとは「修道士の頭」という意味。
…これ…
ずー
教会で小作する農民たちにチーズの製造法を伝授し
修道士の頭数分のチーズを納めさせていたからだとか。
重さは約1キロ。
これで削る
こんなふうに
動くんだあれ…
専用の削り器で花びらのように薄く削って食べます。
じー
びっくり
これ…気になる…?
見た目が映えるだけでなく
削るとこ…見たい…?
え
えっ!? いいよ! 大丈夫!
大丈夫だから…うわあああ!
口溶けも香りもまさにテット・ド・モワンヌならではのものです。

ミディアム赤ワイン向け

ラクレット・デュ・ヴァレー

スイスAOP

スイス

アルプス生まれの元気っ子。野性味のある香りとこくで人気がある。

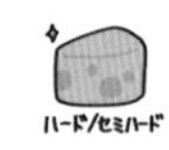
タイプ

切り方

ラクレットは「削ぎ取る」という意味。暖炉かヒーターで断面を温め、トロッと溶けたところをナイフで引っかき、茹でたじゃがいもや、パン、ソーセージ、温野菜などにからめる絶品中の絶品チーズ。大ブーム当初は〝ラクレット〟&〝船橋〟で検索すると筆者のお店が真っ先に引っかかったため、大変なお祭りになりました。

組み合わせ

スイスのミディアム赤

フルーティな白ワインでもいい感じ！

DATA	原料	乳脂肪分	熟成期間	レア度
	無殺菌	50%	3ヵ月	A チーズ店ならあるかも

おつかれっしたー
ワインは飲むし
チーズも嫌いじゃない
金曜だし
ワイン買いに
来たぜ！
泥になるまで
飲むよ今夜は
でもパーティーとか
でもない限り
外国のチーズを
買おうとは思わない
生ハム〜
サラミ〜
ポテチ〜
♪
つまみは
…っと
お
見た目が個性的すぎて
味や匂いが想像できなくて
怖いから？
あー
チーズね…
うまそーだけど
高いしよくわからん
からパス！
そんな人のために
すぐ真似できる
「おいしいチーズを
選ぶコツ」をご紹介します
う？
むんず
ロックフォール
モッツァレラ
♪
え
ちょ
え？
一度でもこの世界を
知ってしまったら
生涯チーズの虜になるはず…

え
ラクレットのおうち？
いいの？
うん！
みんな来るから
おいでよ
ラクレットは
香りは個性的ですが
山の中…
ただいま！
口に入れちゃえば
食べやすいチーズ。
わー暖炉！
ウチにもある
パチ
パチ
すごい！
トロトロに溶かして
ジャガイモやパンなどに
かけて食べます。
小分けのものをスライスして
スキレット等で
火にかけて溶かせばOK。
ラクレット
こんなベッドで
寝てるの⁉
もしどハマりしたら
是非ラクレットヒーターを
手に入れてください。

ミディアム赤ワイン向け

ケソ・デ・ムルシア・アル・ビノ

DOP

スペイン

クールでさっぱりした性格。フルーティーな赤ワインの香りと酸味。

赤ワインの搾りカスに漬けて、何度もウオッシュしちゃいまして。それはそれはもう赤ワインの香りが強くてうれしいです。山羊っぽさは嫌いじゃないんですが、これはもうだいぶフルーティーなので「山羊感」を見つける方が難しい。見た目は表面のワイン色と中身の真っ白さのコントラストが、かじりたくてたまらなくさせます。

組み合わせ

ムルシア州のミディアム赤

タイプ

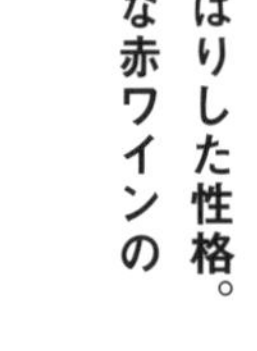

切り方

DATA

原料	乳脂肪分	熟成期間	レア度
山羊	45%	6週間	A チーズ店ならあるかも

ケソ・デ・ムルシア・アル・ビノ
長い名前ですが
「ビノ」は「ワイン」という意味。
Hair Salon
Vino
今日もいつもの色で
よろしいですかあ？

じゃ
流しますね～
はーい

そう。
ムルシアは
熟成中にワインで
洗われるんです。
カチッ
はい
出来上がり

4度にわたって
渋みの強いワインで洗われ
すっかり赤ワイン色に。
お疲れ様
でしたあ～

表面と中身の
コントラストが美しく
ムルシアさんは
色が白くて
本当にワイン髪が
似合いますねえ
よく言われる
味はねっとりして
まるで濃厚な
ヨーグルトのようです。

ミディアム赤ワイン向け

カンボゾーラ

ドイツ

白カビと青カビのハーフ。クリーミーでマイルドなので青カビ初心者向け。

「白カビがいいけど、青カビっぽさも欲しい」という欲張りさんが（たぶん）編み出したハイブリッドチーズ。味はすっきりというか、白カビの方が勝ってるので、朝イチから全然ばくばくいけちゃう感じです。ドイツの白ビールとか、酸味のあるドイツパンとかと一緒に食べたら、あーなるほどドイツ人やるなーって感心しちゃいます。

組み合わせ

ミディアム赤

こくのある白

タイプ

切り方

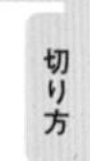

DATA

原料	乳脂肪分	熟成期間	レア度
牛	70%	2カ月	B ときどき見かける

カンボゾーラは
フランスとイタリアの
両国に挟まれた
ドイツならではの
バランスの良いチーズ。
カマンベール
ゴルゴンゾーラ
フランス
イタリア
ドイツ
カンボゾーラ
名前の通り
カマンベールとゴルゴンゾーラを
合わせたものです。

外見は白カビですが
中身は青カビなので
ん～
ソーセージなら
100本は
食べられるかなあ
やさしそうに見えて
中身は意外と刺激的かも。

ピリッとした刺激と
乳脂肪分のまろやかさが
よい具合に
混ざり合っています。
ブルーだけど
やさしめう
初めて
ブルーチーズを食べる人に
レーズン入りのパンと
一緒におすすめしたいです。

ミディアム赤ワイン向け

タレッジョ

DOP

イタリア

見た目はイカツいけど実は優しいギャップ男子。独特な香りを包み込むまろやかさ。

タイプ：ウオッシュ

切り方

ほとんど工場製ですが、伝統的な「農家製」は青カビを手で拭いて、塩水で洗うという大変な作業をリピートして、山の風で熟成させて「山のフレーバー」って呼ばれる貴重なやつだから探せ。生地はもっちり、匂いは優しめで、イタリア料理ではリゾットのへビロテチーズです。ご当地トリュフの入ったヴァルタレッジョもあります。

組み合わせ

ロンバルディア州のミディアム赤

DATA	原料	乳脂肪分	熟成期間	レア度
	牛	48%	40日	A チーズ店ならあるかも

ミディアム赤ワイン向け

ジェラール

フランス

テクノロジーが生み出した不老不死ボーイズ。スーパーでもよく見かける。

クリーミーウオッシュ、カマンベール、ブルーチーズの3タイプがあり、チーズヲタの間では敬意を込めて「ジェラールさん」と呼ばれてます。レトルト食品を作る窯を使って「工業化」したロングライフチーズなのにちゃんとおいしい。個性があるのに半年から1年劣化しない。つまり、「安くてうまい」という宝物です。

組み合わせ

ミディアム赤

「なんでも合う」「だいたい合う」「それなりに合う」

タイプ

切り方

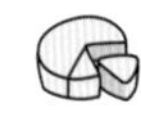

DATA

原料	乳脂肪分	熟成期間	レア度
	50%～59%	なし	C どこでも売ってる

ミディアム赤ワイン向け

スカモルツァ・アフミカータ

カチョカヴァッロによく似た褐色女子。優しい燻製の香りとイカのような食感。

簡単に言ってしまえば、モッツァレラとかカチョカヴァッロをスモーク（アフミカータ）したようなチーズです。そんなのうまいに決まってるな。リズミカルな弾力にまかせて、クニクニ噛めば噛むほど香ばしさがあふれてくる。フライパンとかでちょっと焼けば、もうほとんどイカの燻製ですかね。小麦のワラでスモークしてるんだとか。

組み合わせ

南イタリアのミディアム赤

スモークしてるからビールとも合うよ！

タイプ：フレッシュ

切り方：適当

DATA	
原料	牛
乳脂肪分	45%
熟成期間	なし
レア度	A チーズ店ならあるかも

ミディアム赤ワイン向け

ブルー・ド・ジェックス

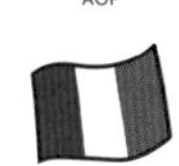

筋肉モリモリの心優しい大男。ナッツのような香り、風味はおだやか。

青カビは得意じゃないけど「ブルー・ド・ジェックスなら好き」なんて言われたらクラクラしますね。青カビなのに水分が少なくハードっぽいしっかりとした食感で、溶かして料理にもかけるし、チーズフォンデュに混ぜたりもします。「ブルー版ラクレット」って言われます。ナッツ感とほのかな苦味がやみつきに。

組み合わせ

ジュラ地方のミディアム赤

タイプ

切り方

DATA	原料	乳脂肪分	熟成期間	レア度
		50%	3週間	

ミディアム赤ワイン向け

リヴァロ

AOP

フランス

愛国心の強いソルジャー女子。ウオッシュ上級者向けの刺激的な香り。

だいぶ強いですね。強い。そうくささが。ウオッシュが好きな人は大好きだと思います。それなのに味は優しくて、そのギャップの大きさに（なんだよ……もう）と顔が赤くなる。元は型くずれ防止用に、レーシュ（葦みたいな葉っぱ）で巻いてました。いまではただの飾りですが、さあ歴史を食うぜっていう雰囲気が出ます。

組み合わせ

北フランスのミディアム赤

DATA	原料	乳脂肪分	熟成期間	レア度
		40%	3週間	 A チーズ店ならあるかも

タイプ

切り方

ミディアム赤ワイン向け

ラクレット

アルプスに憧れる都会少女。ゆで野菜との相性バツグンのまろやかさ。

タイプ：ハード/セミハード

切り方：

アルプスの少女ハイジが巨大なチーズを暖炉で溶かし、とろとろにしたところをパンにつけて旨そうに頬張っていたのでおなじみのラクレットですが、暖炉のない家庭でも食べられるスライス状のものもあります。フライパンや卵焼き器で溶かして、ゆでたじゃがいもにかけて食べれば気分はハイジ。子どもが絶対好きな味です。

組み合わせ

ミディアム赤

DATA	原料	乳脂肪分	熟成期間	レア度
	牛	50%	3カ月	C（どこでも売ってる）

ミディアム赤ワイン向け

マロワール

「ベルギーでは…」が口ぐせの空気読めない男子。強い香りと穏やかな中身。

ベルギーとの国境付近で作られるので、そうです、こくの強いベルギービールとばっちり合うということです。味は同じウオッシュのマンステールとそっくりな感じがするのですが、「マンステール×ゲヴェルツトラミネール」は鉄板マリアージュになってるので、本当に違いがあるのか……筆者はそこまで自信がありません。

組み合わせ
北フランスのミディアム赤

ベルギービールと合わせるのが地元流！

タイプ

切り方

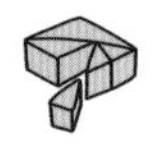

DATA

原料	乳脂肪分	熟成期間	レア度
牛	45%	5週間	A チーズ店ならあるかも

第4章

じっくり飲める
こくのある白ワインに
合うチーズ

Fromage et vin blanc

代表的な品種

● シャルドネ	寒い国ではレモン感、 温暖な国ではトロピカル感。
● ヴィオニエ	白い花のような香りと、 独特なフルーティーさ。
● ゲヴェルツトラミネール	ライチや香水のような強い香り。

コンテ

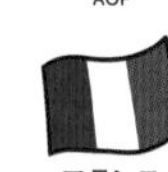

ハードタイプのエース格。濃厚なミルクとナッツの香りに、あふれる旨味。

タイプ

切り方

はい"熟成長め"のコンテ、最高です。濃厚なこくが、こっくりこくこく、めちゃナッティーー！（ナッツの香り）で、余韻どころか、口の中にずーっと美味しい味が居座ります。この魔法の塊を一度でも噛めば、チーズに対して一目置くようになるのでは。ただできればリンドレス（皮なし）タイプは避け、熟成12ヵ月以上を試してほしいです。

組み合わせ

ジュラ地方のこくのある白

ヴァン・ジョーヌと合わせるのが鉄板！

DATA

原料	乳脂肪分	熟成期間	レア度
無殺菌	45%～54%	120日	B ときどき見かける

生産量最多
フランスで
最も愛されるチーズは
フランスで最も寒い
フランシュ・
コンテ地方で作られる
越冬&長期保存のための
固い「山のチーズ」。
厳しい審査があって
オレ!?
いいの?
高得点のものは
緑テープを巻いた
「コンテ・エクストラ」
君OK!
これどうぞ
基準を下回ると
「グリュイエール」
として売られます。
※スイスの「グリュイエール」とはちがうので注意
甘味と旨味の強い
コンテですが
特に熟成の進んだコンテは
すさまじい旨味。
月刊チーズ
特集:
やっぱコンテ
チーズのすべて
12ヶ月以上のものに
白ワインを合わせて
みてください!

サン・タンドレ

フランス

おっとりしたマイペース ふわふわ系女子。バターのように罪深い食べ心地。

アメリカ人の好みに合わせて作られた超濃厚バター、もといチーズ。皮がふわっふわです。白カビでも生クリームを添加したやつです。他にも「シュプレム」や「カプリス・デ・デュー」というお仲間がいます。食べたときの後ろめたさが半端ないですが、そりゃあめちゃくちゃおいしいです……。

組み合わせ
こくのある白

タイプ

切り方
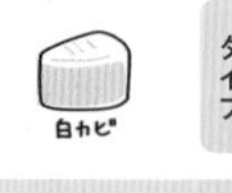

DATA

原料	乳脂肪分	熟成期間	レア度
	75%	なし	B ときどき見かける

あれ
コーヒーの
良い香りが・・・
くん

あっ転入生さん
一緒にお茶
いかがですか？

※ちなみにバターは80%
サン・タンドレとこの二人は
サン・タンドレ
75%
ミュプレム
乳脂肪分
60%
カプリス・デ・デュー
60%以上
濃厚・クリーミー・なめらか
としか表現しようのない
わかりやすくおいしい
白カビチーズたち。

とにかく
ミルク感が欲しい！
という方におすすめです。
わー
いいの？
どうぞどうぞ

こくのある白ワイン向け

ゴーダ

オランダ

友だち思いの好青年。クセのない味わいで世界中で愛されている。

タイプ：ハード/セミハード

切り方

鎖国中に日本人が初めて口にしたチーズ。チーズ味をイメージしたときのいわゆるチーズ。プロセスチーズのもとにもなります。出回っているのは皮のついてない「リンドレスタイプ」が主流ですが、できれば皮付きを食べてほしい。熟成12ヵ月くらいのゴーダは成分が凝縮されて、キャラメル感もあり「だいぶうまい」と思います。

組み合わせ

こくのある白

熟成が進んだら重い赤ワインにも合うぞ

DATA

原料	乳脂肪分	熟成期間	レア度
	48%	30日	

オランダを代表して
エダムと一緒に
日本にやってきたゴーダ。
どもー

チーズと言えば？
ゴーダ
サッ
味も匂いもクセがなく
日本でチーズと言ったら
みんなが真っ先に
思い浮かべるチーズでしょう。

日本で作られるチーズの
ほとんどはゴーダモデルと
いってもいいほど
当たり前な存在です。
ゴーダ君がいっぱいいる

しかし
熟成してきたゴーダだけは別格。
よし！
いい音だ
はっ
ぱしぱし

チーズ職人はゴーダを叩いた時の
音の響きを聞き分けて
熟成度を判断するそうですが
俺は・・・
ゴーダ！
ムキィ…
しっかり熟成したゴーダは
固く引き締まり
まるでキャラメルのような甘み。

こくのある白ワイン向け

マンステール

AOP

フランス

超能力を操る修道女。表面の香りは強いけど中身はクリーミーで食べやすい。

タイプ

ウオッシュ

切り方

もう、くさウマです。ウオッシュタイプはリネンスっていう菌を植え付けるんですが、これが納豆菌の親戚なので「お、納豆くさ」って思うでしょう。ただ、いったん口に入れちゃうと、くさいのがどこかに消えて、まろやか〜な味だけが口の中を支配します。もう皮のオレンジ色を見るだけで、食わせろやとヨダレが出ます。

組み合わせ

アルザス地方のこくのある白（できればゲヴェルツトラミネール）

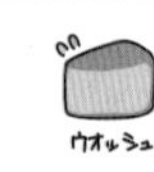

ミディアム赤

DATA

原料	乳脂肪分	熟成期間	レア度
牛	45%	2週間	B ときどき見かける

いて
ぴん
？なんだこれ
ピーーっっ
鳴くぞ
ああっ申し訳ありません！ワタクシのクミンですわ！
修道士が作り始めたので修道院（モナステール）から名付けられたと言われるマンステール。
これクーちゃんおいたはいけませんよ
クーちゃん
それでは失礼いたしました
可愛らしい見た目に反してなかなかの匂いを放ちますが口に入れるとクセはなくまろやかな味わい。

こくのある白ワイン向け

グラナ・パダーノ

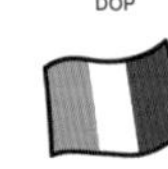

パルミジャーノの陰に隠れる実力者。発酵バターのような香りと、ザラザラとした旨味食感。

タイプ

サイコロ状　削る

切り方

言ってみれば、パルミジャーノの「ジェネリック」。香りや旨味ではかすかに負けますが、十分な破壊力を持つ旨味爆弾で、値頃感では勝っています。イタリアの家庭で選ばれているのは圧倒的にこっち。大きな違いは卵白成分が入るので、卵アレルギーの人はダメというくらいです。筆者のお店でも削って出してる重要チーズです。

組み合わせ

北イタリアのこくのある白

DATA	原料	乳脂肪分	熟成期間	レア度
	無殺菌	32%	9カ月	B ときどき見かける

スミマセン…
ネクタイ忘れた？
転入生でもちゃんとしてもらわないと…
あーいたいた
パルミジャーノセンパーイ！
くく
彼はグラナ・パダーノ。
あれ 転入生さんどうしたんですか？
ジャリジャリとした食感。その後爆発する旨味爆弾。
ネクタイ忘れた？
予備貸してあげますよ
風紀
やさしい…
グラナは甘すぎる
ぷい
パルミジャーノと似ていますが彼女ほど高級ではありません。
生産エリアが広いのとルールが彼女のものより厳しくないからです。
グラナー！リボンの予備ある？忘れちゃった
もう皆しょうがないなあ…
グラナー！靴下破けたー！
センパイにはナイショだよ
キッチンハズバンドと呼ばれイタリア中の家庭で愛されています。

こくのある白ワイン向け

ペコリーノ・ロマーノ

DOP

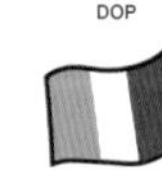
イタリア

粋なイタリアイケメン。塩気が強めなのでよく調味料としても使われる。

イタリア最古のチーズです。歴史がある系にありがちな「しょっぱめチーズ」なので、そのまま食べるならワインよりハードドリカーの方が合いそう。すりおろして使えば、サラダの調味料としてめちゃうまいです。ちなみにみんな大好きカルボナーラはこのチーズと、厚切りベーコン（グアンチャーレ）を使うのが正式なものです。

組み合わせ
トスカーナ州かサルデーニャ州のこくのある白

塩味が強いからグラッパとも合うんだぜ

タイプ：ハード/セミハード

切り方：サイコロ状、削る

DATA	
原料	
乳脂肪分	36%
熟成期間	4ヵ月～1年
レア度	B ときどき見かける

彼はペコリーノ・ロマーノ。ロマーノというだけあってローマ帝国時代に生まれたチーズです。
やぁ 転入生クン！
お近づきの印にこれ！
ス…
あ ありがとう…
栄養があって保存もきくのでローマ軍遠征時の携行食だったとか。
ああこれ？
あの… 頭に塩のってない？
今日は放課後デートで長丁場になりそうだからね！
当時は冷蔵庫なんてないので保存性を重視して塩気を強くしていましたからね…
というわけで割としょっぱいのですりおろしてパスタやサラダにかけて食べた方が
転入生くんも今度行こう！
ボクのローマを案内するよ！
それはちょっと行きたい
羊乳の濃厚さが引き立っておいしいかも。

こくのある白ワイン向け

ウエスト・カントリー・ファームハウス・チェダー

PDO

イギリス

後輩チェダーたちを陰で思いやる超レアキャラ。上品にほろりと崩れる食感。

チェダーチーズを知らない人はいないと思います。でもめったにお目にかかれないこのチェダーだけは別格。チェダー本来の姿を残そうと結集した生産者たちが、手間のかかる「チェダリング」という工程をあえて手作業して丁寧に作っているチーズです。ほろほろとした食感と、上品で繊細な味わいに「さすが!」感がハンパないです。

組み合わせ

こくのある白

スコッチウイスキーとも合わせてみてくれ

タイプ

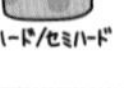

ハード/セミハード

切り方

DATA	
原料	牛
乳脂肪分	48%
熟成期間	9カ月〜
レア度	S

チェダーはイギリス生まれ。
サンドイッチに
とてもよく合うチーズです。
真空パックされた
レッドチェダーや
ホワイトチェダーだけが
チェダーじゃありません。
イギリスには
ウエスト・カントリー・
ファームハウス
という農家のグループがあって
そこで
伝統的な手作業による製法で
「本物のチェダー」が
作られています。
そのチェダーを模範として
世界中で大量生産されているのです。
ムム…
チェダーのすべて

こくのある白ワイン向け

モルビエ

コンテを陰でライバル視。黒いラインが印象的な、優しいミルク感のある男子。

タイプ：ハード/セミハード

切り方：サイコロ状

元はコンテ作りの職人たちが、余ったミルクを使って〝自分たち用〟に作ったチーズ。漁師のまかない丼みたいなことです。うまいに決まってます。虫除けのために木炭の粉をかけて固めて、翌日にまた余ったチーズを継ぎ足して固めるので、黒いラインができました。今のラインはその名残。味はほぼコンテですが、コンテよりも味が優しめです。

組み合わせ

ジュラ地方のこくのある白

DATA

原料	乳脂肪分	熟成期間	レア度
	45%	45日	A チーズ店ならあるかも

モルビエは
コンテと同じ地元出身。
同郷〜♥
仲良いんだね〜
コンテ作りで余った
ミルクを使って
自分たちが食べる用に
作り始めたものです。
あらら
仲良くなんて
ねえし!
一緒にすんな
2日に分けて鍋に
継ぎ足すため
虫除け用の木炭の粉が
ラインとなって残ります。
フンッ
※今はかざり。味はしません。
コンテより味が軽く
こくのある白ワインと
一緒に食べると
おこらせた…
あれ
ふんわりとした
ミルク感が
引き立ちます。
ほんとは
優しい子
なんだよな

こくのある白ワイン向け

モントレー・ジャック

ペッパー・ジャック

モントレー・ジャック

コルビー

味わい的にはプロセスチーズ。アメリカンは基本的に大味ですが、その中ではチーズ感がある方。プレーンなモントレー・ジャックにスパイスが入るとペッパー・ジャック（辛い！）。コルビー・ジャックはマーブル模様で彩りになり、サラダなどに合います。溶かしてもマーブル柄なので、ハンバーガーに挟まってると感動。

アメリカ

コルビー&ペッパーと仲良し3人組。マイルドなチェダーのような味わい。

組み合わせ

アメリカのこくのある白

2つ合わせたコルビー・ジャック

タイプ

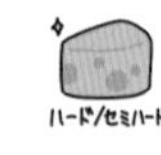

切り方

DATA

原料	乳脂肪分	熟成期間	レア度
	50%	1ヵ月	 C どこでも売ってる

ここはアメリカ・・・

ザッ

ザッ

ザッ

巨大工場による大量生産のチーズから生み出されるジャックチーズは

ハンバーガーをはじめナチョス・サラダなどあらゆる場面で使われます。
いらっしゃいませ
もともとは味も穏やかで食べやすいチーズですが
ごゆっくりどうぞ〜!

Beer
ガヤ
ガヤ
スパイスの入ったペッパー・ジャックだけはめちゃくちゃ辛いです!
チッ また客か!
注文まだ?

こくのある白ワイン向け

グリュイエール

スイス AOP

スイス

コンテのお兄さん。あまり目立たないけど、一緒にいると安心感のある味。

スイスで一番人気。コンテの味を優しくした感じで、チーズフォンデュにおすすめのハードです。このチーズに限らず水分を取り除く時、40度〝以上〟で加熱するならばハード、40度〝未満〟ならばセミハードだというだけの話で、どっちが固いかどうかは関係ありません。やわらかめのグリュイエールもあります。

組み合わせ

ジュラ地方のこくのある白

タイプ

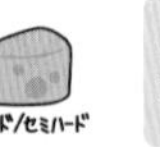

切り方

DATA

原料	乳脂肪分	熟成期間	レア度
無殺菌	49%～53%	5ヵ月	B ときどき見かける

フォンティーナ

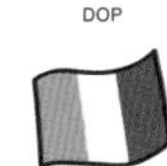

グリュイエールとコンテの親戚。厳しいアルプスが育んだたくましさがある。

フランスのコンテ、スイスのグリュイエールと並ぶ、元越冬用保存食の「山のチーズ」。その中であえてフォンティーナを選ぶんでしたら、ぜひ牛乳、バター、卵黄と一緒に煮て溶かして、イタリア版チーズフォンデュの「フォンドゥータ」にしてほしいです。冷蔵庫で干からびていた野菜が大変なごちそうになります。

組み合わせ

北イタリアのこくのある白

タイプ

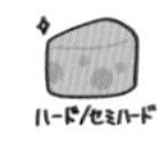

切り方

DATA	原料	乳脂肪分	熟成期間	レア度
	無殺菌	45%	3カ月	A チーズ店ならあるかも

こくのある白ワイン向け

リコッタ

イタリア

お風呂好きで、よくのぼせてる。ほのかな甘みとミルクの風味。

「二度煮た」という意味。一度牛乳を加熱して、そのときに出たホエイにクリームなどを足して作ったものです。ほんのり甘くて、食感ほろほろ。カッテージチーズをクリーミーにした感じですが、めちゃあっさり味なので、オリーブオイル＆こしょうか、ジャムかはちみつをかけたら、極上ダイエットフードの完成です。

組み合わせ

こくのある白

すっきり白

DATA

原料	乳脂肪分	熟成期間	レア度
(ホエイ)	30%～50%	なし	

タイプ

切り方

チェダー

しっかり者で優等生。扱いやすさはチーズ界一で、生産量は世界一です。

チーズのあるところならどこでも見かけます。レッドとホワイトがありますが、レッドは植物性着色料で色をつけただけ。味は変わらず、まったくクセもありません。特殊作業「チェダリング」の影響で、酸味が〝しゅっとくる〟感じがありますが、ほぼプロセスチーズの味。料理の材料としての扱いやすさはピカイチです。

組み合わせ

こくのある白

サンドイッチとの相性抜群だよ

タイプ ハード/セミハード

切り方

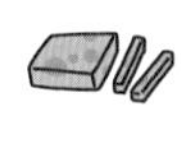

DATA

原料	乳脂肪分	熟成期間	レア度
牛	50%	6ヵ月	C どこでも売ってる

recipe

リコッタとりんごと生ハムのサラダ

recipe

材料

・リコッタ…30g
・りんご…1/8 個
・生ハム…3 枚
・くるみ…少々
・サニーレタス…3 ～ 4 枚
・オリーブオイル
・バルサミコ酢
・あらびき黒こしょう

作り方

① オリーブオイルとバルサミコ酢を 2:1 の割合で混ぜ、塩こしょう（分量外）で味を整えドレッシングをつくる。
② りんご 1/8 個を 2mm 幅くらいにスライスし、生ハムは食べやすい大きさにちぎる。
③ くるみを軽く砕く。
④ サニーレタスをちぎり、お皿に盛る。
⑤ りんご、生ハム、くるみを④にのせ、①を回しかける。
⑥ リコッタを小さじ 1 ずつ、6 ヵ所にトッピングする。
⑦ 黒こしょうをふる。

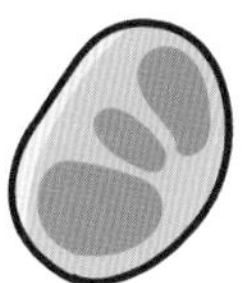

recipe

チェダーチーズのタコライス

recipe

材料

- チェダー…好きなだけ
- 豚ひき肉…100g
- たまねぎ…1/4 個
- レタス…1/6 玉
- トマト…1/4 個
- ケチャップ…大さじ 2
- ウスターソース…大さじ 1
- しょうゆ…大さじ 1
- ごはん…適量

作り方

① トマトとチェダーを 1cm 角にカットしておく。
② レタスは 1.5cm 幅くらいにカットしておく。
③ たまねぎをみじん切りにする。
④ ③を豚ひき肉と一緒にサラダ油（分量外）で炒める。
⑤ ④にケチャップ、ウスターソース、しょうゆ、塩こしょう(分量外)を入れて､全体になじむまで炒める。
⑥ ごはんの上にカットしたレタスを盛りつけ、⑤をのせる。
⑦ ⑥の上に①を散らす。

recipe

たけのことマンステール

材料

・マンステール
・たけのこ（水煮でも可ですが、ゆでたてがおすすめ）

作り方

① たけのこをゆで、食べやすい大きさにカットする。
② 油をひかずフライパンで焼き目がつくまで焼き、塩こしょう（分量外）をふる。
③ たけのこの半分くらいの量のマンステールを、食べやすいサイズにカットしてのせる。

第5章

がっつり飲める重めの赤ワインに合うチーズ

Fromage et vin rouge fort

代表的な品種

- **カベルネ・ソーヴィニヨン** …… 渋味が豊富な赤ワインの王道。
- **シラー** …………………… スパイシーで重厚な味わい。
- **ジンファンデル** ………… 凝縮されたパワフルな果実感。

ブリ・ド・モー

AOP

フランス

フランス人に大人気のチーズの王様。「モー」には洗練された深いコクがある。

あのカマンベール・ド・ノルマンディ様ですら模倣した「白カビの頂点」です。ノーマル「ブリ」はクセがありませんが、「モー」はクセがしっかりあって、まるでウオッシュタイプを食べてるみたいで、香りはブラウンマッシュルーム系です。旨さを極めていくと、そっち系にいくんですよね。想像しただけで食べたくて気絶しそうです。

組み合わせ

北フランスの重めの赤（できればボルドー）

スパークリング（できればシャンパン）

タイプ

白カビ

切り方

DATA

原料	乳脂肪分	熟成期間	レア度
無殺菌	45%	4週間	A チーズ店ならあるかも

?
なんだろ
人だかりが・・・
モーさま、
キャ
彼
有名人
なんですか？
彼はブリ・ド・モー。
シャルル
マーニュ皇帝が
愛したとか
ウィーン会議満場一致で
「一番うまいチーズ」
グランプリに輝いたとか
とにかく力のある
チーズなので
力のあるお酒としか
釣り合いません。
キャ
モー様ぁ
ルイ16世がどうしても
手に入れたくて
街で馬車を止めたために
革命派に捕まったとか
伝説に事欠かない
チーズの王様です。
スゴイ…

エポワス

AOP

フランス

妖艶な魅力のお姉様。チーズの中でもトップクラスの刺激的な香り。

「神の足の匂い」と呼ばれる、強烈な匂いを放つチーズです。さいっこう！　です。正気の沙汰じゃありませんね。個性最強すぎて敬語で話しかけたいくらいです。まずはスプーンで中身だけいっちゃってください。このリッチ感、匂いのきつさ、中のトロトロさは、一度覚えてしまったら脳よりも身体が求めます。

組み合わせ

ブルゴーニュ地方の重めの赤

タイプ

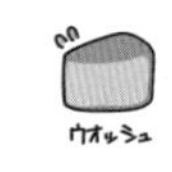

切り方

DATA	
原料	牛
乳脂肪分	50%
熟成期間	4週間
レア度	A チーズ店ならあるかも

ウオッシュタイプは表面を「塩水」で洗いながら熟成させるものです。
ブランデー浴びてる!
マール
ウオッシュ
ウオッシュ
ところがエポワスだけは「マール」というブランデーで洗うのでひときわ目立ちます。
カスタードクリームのようにとろっとろな中身
おいしいけどおいしいとかじゃない
どこかに連れていかれそうな圧倒的パワー。
誰がどうみてもチーズ界最強クラスの個性。
エポワス様最強・・・
あつーい
いちどはまったら抜け出せなくなります。

重めの赤ワイン向け

イエオスト

ノルウェー

一部に熱狂的なファンのいる褐色少女。塩キャラメルのような味わい。

タイプ

切り方

大流行しないのが不思議なくらい、キャッチーな味わいなんです。煮詰めた牛のホエイに、牛乳と山羊乳を混ぜて作るのですが、味も食感もほとんど塩キャラメルといっていいくらい。砂糖が入ってない天然の甘さがあります。チーズの魅力はよくわからないわという お客さんに、真っ先にすすめているチーズです。

組み合わせ

重めの赤

紅茶

DATA	原料	乳脂肪分	熟成期間	レア度
	山羊乳・牛乳	35%	なし	B ときどき見かける

ふー…
あれ
転入生クン
どうしたの？
この子はイエオスト。
疲れちゃったの？
これ食べなよ
ありがとう！
最大の特徴は
その茶褐色の見た目と
ねっとりとした食感です。
実際食べてみても
癖が全然なくて
！
生キャラメルだ
おいしい
よかった
「生キャラメルじゃん！」と
言いたくなる衝撃があります。
あれ？
薄くスライスしたものを
紅茶と一緒に食べると
一気に違った味わいに。
カフェでバイト
してるんだ…
ちなみに日本では
赤いパッケージの
「スキクイーン」という
名前で広まっています。

重めの赤ワイン向け

ケソ・マンチェゴ

DOP

スペイン

相棒の老ロバに負担をしいるポジティブ男子。羊乳らしい甘さと、脂っこい旨味。

タイプ：ハード/セミハード

切り方

固めのかまぼこみたいなしっかり食感で、乳脂肪分が高めなのに、酸っぱさもあって、他にはない異国情緒がたまらんです。スペインワインと一緒に楽しんでいると、酔いとともにいつの間にか心はスペインにいます。エスパルトっていう植物を巻いて成形していた当時の名残の模様がおしゃれ。『ドン・キホーテ』にも登場します。

組み合わせ

ラ・マンチャ地方の重めの赤

DATA	原料	乳脂肪分	熟成期間	レア度
		50%	2カ月	A チーズ店ならあるかも

ケソ・マンチェゴの模様はエスパルトという草を編んだ帯で巻いていた名残。
よーし冒険に出かけるぞ！
チーズ王に俺はなる！
もしそこな者
『ドン・キホーテ』の主人公にも愛されたチーズとしておなじみです。

おっちゃん誰？

ワシは伝説の騎士ドン・キホーテちゅうんじゃがのお

おぬしワシと一緒に冒険せんか？

いいぜ！

いいんだ？

羊乳独特の甘さや旨味がありつつ酸っぱさや干し草感もあり

はは

チーズとしてはなかなか破天荒な味わい。

あは

あ

は

は

ロシナンテどっか置いてきた

ブリ・ド・ムラン

3兄弟の次男で一番激しい性格。ブラウンマッシュルームのような強い香り。

タイプ

切り方

すでに「ブリ3兄弟のひとり」と擬人化されています。長男の〝ブリ・ド・モー〟よりもクセがあって、味という味がとにかく強い。香りもぶっ飛んでて「キノコとワラが混ざったような」と言われます。こっちが長男なんじゃないか説もあり個人的には信じてますが、〝モー〟がメジャーになりすぎて、あまり知られてないのが寂しい。

組み合わせ

北フランスの重めの赤

DATA	原料	乳脂肪分	熟成期間	レア度
	無殺菌	45%	4週間	A チーズ店ならあるかも

重めの
赤ワイン
向け

クロミエ

フランス

3兄弟で一番やさしい性格。
まろやかな口当たり、
若いうちはほどよい酸味。

ブリ3兄弟の末っ子ですが、唯一「殺菌乳でもいい」やつです。なので食べやすくて、AOPでもない。でも、だからこそ、町とか村レベルで多種多様な「クロミエ」が作られていて、土地ごとに味が違う「クロミエ」が作られているんだそうです。伝説のクロミエを探そう。農家製（フェルミエ）は無殺菌乳が使われてます。

組み合わせ

北フランスの重めの赤

殺菌乳製ならミディアムの赤ワインの方がおすすめだよ

タイプ

白カビ

切り方

DATA	原料	乳脂肪分	熟成期間	レア度
	牛	45%	4週間	A チーズ店ならあるかも

重めの赤ワイン向け

サン・ネクテール

AOP

フランス

見た目はみすぼらしいけど歴史ある良家の出身。カビやワラ、キノコの香り。

個性的としか言いようがない。こういう傑物と出会ってしまうと、チーズ観が一気におかしくなります。ワラの上で熟成させた農家製は、おじさんみたいな匂い。加齢臭。いろんなカビが生えていて、キノコ？　ワラ？　どれがなんの匂いだかさっぱり判別できなくて、面白くて、思わず噴き出しそうになります。だいぶ上級者向けです。

組み合わせ

オーヴェルニュ地方の重めの赤

クセのある赤ワインと相性バツグン！

タイプ　ハード/セミハード

切り方

DATA	原料	乳脂肪分	熟成期間	レア度
	牛	45%	21日	A チーズ店ならあるかも

カブラレス

DOP

スペイン

洞窟育ちの野生児。独特なミルクの香りと青カビの刺激。

手作り限定のブルーチーズ。基本的には牛の乳ですが、春と夏には山羊も羊も混ぜて、天然の洞窟で熟成させます。独特なミルク臭と、独特な青カビの刺激があって、だいぶ「クセ強」です。ブルーチーズ好きでも「ダメだこりゃ」という人がいるほど。この卓越した個性を愛することは、スペインを愛することになるかもしれません。

組み合わせ

スペインの重めの赤

甘口のシェリーと合わせてもいいんだぜ！

	原料	乳脂肪分	熟成期間	レア度
DATA	牛・山羊（羊）	45%～50%	2ヵ月	S めったに見ない

タイプ

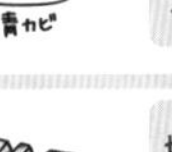

切り方

重めの赤ワイン向け

ブルー・ドーヴェルニュ

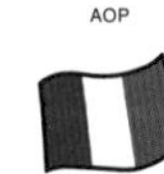

人気ブルーチーズ同士のケンカの仲裁役。ナッツのような風味と青カビの刺激。

ゴルゴンゾーラの青カビを使って、ロックフォールの作り方で作りましたという、まるでラスボスの秘密兵器のようなチーズ。一般に出回っている殺菌乳製はわりと味に引っかかりがなく食べやすいのですが、まれに見る無殺菌乳製は「粗野」と言われるほど、口の中で辛味が猛々しく暴れます。この刺激は……ショウガ？

組み合わせ

オーヴェルニュ地方の重めの赤

いろんな甘口ワインとも合わせてみてね

タイプ

切り方

DATA

原料	乳脂肪分	熟成期間	レア度
	50%	4週間	B ときどき見かける

重めの赤ワイン向け

フルム・ダンベール

「高貴なブルー」と呼ばれる青カビたちのバランサー。塩味がひかえめ。

タイプ 青カビ

切り方

見た目は青カビだらけですが、味わいはかなり優しくて、おだやかで、はちみつをかけちゃったり、ポートワインと合わせちゃったりすれば、もうただの貴族のお食事です。私は青カビが好きだけど、お客様はどうかしら、というときにも、守備範囲が広いので助かります。たいてい円盤型か半月型で売られてます。

組み合わせ
オーヴェルニュ地方の重めの赤

DATA	原料	乳脂肪分	熟成期間	レア度
	牛	50%	28日	A チーズ店ならあるかも

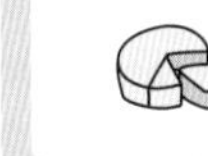

重めの赤ワイン向け

アイデンティティを模索していたけど今はすっきり。鋭い青カビの辛みと塩味。

タイプ

切り方

ロックフォールの模倣品でした。元は「ダニッシュ・ロックフォール」という名前だったのですが、本家のフランスから「そういうのはやめましょうよ」と注意されて、今の名前に変えたそうです。日本のスーパーでは一番見かける青カビで、北欧のチーズでそれっぽいし、そのわりには安いし、これでいいんじゃない？という人におすすめ。

組み合わせ

重めの赤

たぶん…甘口のワインとも…合います

DATA	原料	乳脂肪分	熟成期間	レア度
		50%～60%	2カ月～3カ月	C どこでも売ってる

重めの赤ワイン向け

クリームチーズ

アメリカ

周囲から「そのままでいて！」と懇願されるぽっちゃり女子。クセがゼロの味わい。

タイプ　フレッシュ

切り方　適当

いやー大人気です。なんにでも使えるチーズです。良くも悪くも真っ白、プレーン、個性はまったくなし。キリとかクラフトでおなじみですが、どこの国のを食べても製法は同じなので、よりすっぱいか、よりミルキーか、食べ比べてもわかりません。プロセスもナチュラルもあります。いぶりがっこください。

組み合わせ　重めの赤

DATA

原料	乳脂肪分	熟成期間	レア度
牛	33%	なし	C どこでも売ってる

recipe

ブリーと生ハムのバゲットサンド

recipe

材料

・ブリー…好きなだけ
・バゲット…1/3 本
・生ハム…3 枚
・サニーレタス…1 枚

作り方

① バゲットを半分に切る。
② 軽くトーストする。
③ 両方の断面にバター（分量外）を塗っておく。
④ カットしたブリーと生ハム、サニーレタスをサンドする。

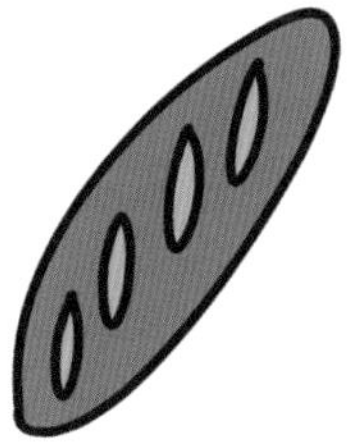

recipe

クリームチーズともろみみそのカナッペ

材料

・クリームチーズ…適量
・クラッカー…食べたいだけ
・もろみみそ…チーズの 1/4 くらい

作り方

① クラッカーにクリームチーズをのせる。
② もろみみそをトッピングする。

第6章

にんまり飲める甘口の白ワインに合うチーズ

Fromage et vin blanc doux

代表的な品種

- **リースリング** ……………… ドイツワインを中心とした、酸味とのバランスが良い甘口。
- **セミヨン** …………………… 口当たりがやわらかくなめらかで酸味はひかえめ。
- **モスカート** ………………… 甘い香りと味わいで、まるで清涼飲料水のような飲みやすさ。

ロックフォール

AOP

フランス

洞窟育ちの田舎娘。しっかりした塩味と羊乳独特の口どけとこく。

口に入れた瞬間から、もう食い気味に「青カビ最高!」宣言してもいいのでは。口溶けが凄まじくリッチ。ブルーチーズ最高レベルのミルクっぽさ。熟成させていいのはこの洞窟オンリーという、いわくつきの「地下洞窟」にしか醸し出せない、どこまでいっても複雑な味のダンジョン。甘いソーテルヌとの合体で昇天します。

組み合わせ

南フランスの甘口の白

ボルドーの甘口白ワイン「ソーテルヌ」と合わせてみて!

タイプ：青カビ

切り方

DATA	原料	乳脂肪分	熟成期間	レア度
	無殺菌	52%	3カ月	B ときどき見かける

うち
ここなの
どうぞー
3大ブルーチーズのひとつ
ロックフォールは
わ　わぁ〜
洞窟だぁ〜
素敵だね〜！
洞窟!?
羊飼いが
洞窟に置き忘れたチーズに
青カビが生えたのが始まり。
本物だ
今もなお
ロックフォールを作るには
その洞窟の中だけで
熟成することが条件です。
ちょっと暑いかな
この洞窟内は一年中
絶妙な温度と湿度が
保たれていて
ペ
10℃
ぴ
洞窟の隙間から
吹き込む風が
ゴオォォ
カビそう…
特別な青カビ
「ペニシリウム
ロックフォルティ」
を育むのです。

甘口の白ワイン向け

ゴルゴンゾーラ

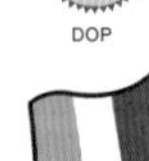

やんちゃだけど妹思いな兄ピカンテと、暴走しがちな兄を諫めるできた妹ドルチェ。

タイプ

切り方

ゴルゴンゾーラ・ドルチェ

ゴルゴンゾーラ・ピカンテ

誰もがイメージするザ・ブルーチーズ。甘口のドルチェはとっても食べやすく、全国的に「わりとブルーいけるかも」さんを大量発生させた功労者です。一方、辛口のピカンテは味が強く、パスタ、ペンネ、ピザなどで大活躍。いずれもメジャーすぎてあまりオタク心はくすぐられませんが、DOPなのにお安めなのはリスペクト。

組み合わせ

ロンバルディア州の甘口の白

こくのある白

DATA	原料	乳脂肪分	熟成期間	レア度
	牛	48%	2カ月〜3カ月	C どこでも売ってる

お
お前が転入生か？
おいっ
どこ産だ
お前
ちょっと
お兄ちゃん！
ごめんね
うちの兄が・・・
兄妹!?

3大ブルーチーズ！
なんてあえて言わなくても
もー！！
フン
おそらく「青カビ」として
一番有名なゴルゴンゾーラ。
甘口ドルチェ
辛口ピカンテ
食べやすいけど別に甘くはない
ピリッとするクラシックタイプ

甘口の白ワイン向け

スティルトン

PDO

イギリス

イギリスのちょい悪紳士。ナッティーな風味と青カビの刺激で惑わせる。

世界三大ブルーチーズなんですけど。香ばしいんすよ。ほろ苦いんすよ。全体的に水分少なめで、崩れやすいのがむしろ最高すぎでは？「食べ飽き」がきにくいですし、実際、筆者がふだん一番食べてるブルーかもしれません。ええそうです、好きだ！ スティルトンを食べてるときの自分も好き。人生の最後に食べたい。

組み合わせ

重めの赤

ポートワイン 甘口の白

タイプ

切り方

DATA

原料	乳脂肪分	熟成期間	レア度
牛	48%	8週間	B ときどき見かける

スティルトン君の自己紹介鉄板ネタ
「スティルトン」は村の名前ですが実はこの村では作られていないんです。
えっ スティルトン出身じゃないんだ?
ははは そうなんだよ 実はね
へー
スティルトン村の宿屋の主人が田舎の農場で見つけたブルーチーズを売ったら評判になりそう呼ばれるようになりました。
スティルトーン
ここちょっと教えて〜
OK
エリザベス女王にも愛されるこのチーズは水分が少なく崩れやすいのが魅力。
ちょっといってくる
ちなみにイギリスでは赤身のステーキにのせてトロトロにして食べたりするみたいですよ。
クールなんだけど絶妙に優しいんだよねえ
コクと苦味のバランスがよく蜂蜜のような後味もあります。
スティルトンを眠る前に食べると「変な夢」を見るらしい。

recipe

マッシュルームのゴルゴンゾーラ焼き

recipe

材料

- ゴルゴンゾーラ…30g
- 生クリーム…20g
- マッシュルーム…50g
- たまねぎ…1/8 個
- シュレッドチーズ…適量
- パン粉…適量
- オリーブオイル

作り方

① マッシュルームを一口サイズにカットする。
② たまねぎをスライスする。
③ フライパンにオリーブオイルをひき、マッシュルームとたまねぎをあるていど火が通るまで炒め、塩こしょう（分量外）する。
④ 火を止め、手でほぐしたゴルゴンゾーラと生クリームを加えて、軽く和える。
⑤ 耐熱皿に入れて、全体を覆うくらいにシュレッドチーズをかけ、パン粉をふる。
⑥ トースターで焼き目がつくまで焼く。

recipe

ロックフォールと くるみのブルスケッタ

材料

・ロックフォール…20g
・バゲット
・くるみ…少々
・はちみつ…少々

作り方

① くるみを砕いておく。
② バゲットを 1.5cm くらいの厚さに切る。
③ ②にロックフォールを適量のせる。
④ トースターで焼く。
⑤ 焼けたら、くるみとはちみつをかける。

第7章

しゅわっと飲める スパークリングワインに 合うチーズ

Fromage et vin mousseux

代表的な品種

- **シャンパン** ………………… 泡がとても細かいのが特徴。
- **カヴァ** ……………………… シャンパンに匹敵する上品な味。
- **ランブルスコ** ……………… 赤の泡。飲みごたえと爽快さを両立。
- **ヴィーニョ・ヴェルデ** …… ポルトガルの緑色ワイン。アルコール度低めの微発泡。

スパークリングワイン向け

シャウルス

ふだんはおとなしいけどときどき凶暴。クリーミーな食感と強めの酸味と塩味。

白カビの中では、けっこうわがまま系な味です。クセががっつりあって、塩気も、酸味もあって、ぴりっと刺激があったり、キノコっぽさもあったり。すべての要素がとんがってる、白カビの上級者向けです。ちなみに「シャ」が猫で、「ウルス」が熊。パッケージとか街の紋章にも、猫と熊の絵があってかわいいです。

組み合わせ

シャンパーニュ地方のスパークリング

ミディアム赤

DATA	原料	乳脂肪分	熟成期間	レア度
	牛	50%	15日	A チーズ店ならあるかも

タイプ

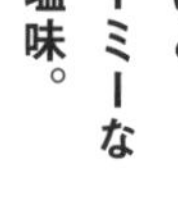

切り方

今日は霧がすごいな・・・
なんも見えん
ん？
シャー！
びくっ
シャウルスくんですね。
うわあああああびっくりしたああ

カマンベールやブリを想像しているとその味の強さに驚かされますよ。
もうびっくりするじゃん！
塩気も酸味もしっかりウオッシュのような味わいもキノコのような匂いもあり
上級者にはたまらないでしょう。

地元のシャンパンに合わせるとまた違った楽しみが生まれます。
だからなんでえええええ
ゴロゴロゴロ

スパークリングワイン向け

ラングル

不機嫌そうに見えるけど実はそうでもない。シルキー&クリーミーな舌触り。

しわがよって、てっぺんに凹みがあるのがセクシー。そこにシャンパンをトクトク注いで冷蔵庫にイン！そのまま追熟させます。もったいない～と叫びたくなるかもしれませんが、これが正しいラングルの〝仕上げ方〟なのです。ウニ感がさらに増して、舌に濃厚にからみつき、さっと離れるような幸福感。ありがとうございます。

組み合わせ

シャンパーニュ地方のスパークリング

ミディアム赤（オレンジワインでも）

タイプ

切り方

DATA

原料	乳脂肪分	熟成期間	レア度
	50%	15日	A チーズ店ならあるかも

あれ
ランングル君だ
ラ…
は～寝癖
直んない…
いいや
結んじゃお…
ラングルには
フォンテーヌ（湧き出る泉）
と呼ばれる凹みがあります。
熟成中にひっくり返し忘れて
できたんだとか。
朝シャワー
してきたのに…
ZZZ
ジャー
ハァー
変な格好で
寝るクセ
やめたい…
そこにシャンパンを注いで
熟成させるというのは
地元の人だけが知る
スタイルでしたが
は
あ
て
転入生
どうしたんだ
こんなとこで
と
通りすがった
だけだよ！
見なかったことにしよ
そ
そうか
AOPになっている今では
世界中にすっかり浸透し
もてはやされているみたいです。

スパークリングワイン向け

ヌーシャテル

いつも周囲に愛をばらまいている押しが強めの女の子。かわいい形でも塩気は強め。

タイプ

切り方

6つの形がありますが、ハート形が一番ウケてます。バレンタインにあげるんですって、超ロマンチックですね。ただ泣く子も黙る「ノルマンディの白カビ」だから、ハート形だからってなめてかかると、けっこう「クセあり」だから気をつけて。贈った相手の口に合わず、冷蔵庫にハートが放置されたら大変です。

組み合わせ

北フランスのスパークリング

シードル

DATA

原料	乳脂肪分	熟成期間	レア度
	45%	10日	A チーズ店ならあるかも

あっ
転入生くん♡
これ
どーぞ♡
きゅるるーん
百年戦争の時
ヌーシャテル村の娘さんが
敵である
イギリス兵士に恋をして
チーズをハート形にして
その兵士に贈ったのだとか。
？
なに？
あたしの
愛だよ♡
そんなロマンチックな
エピソードから
バレンタインの贈り物に
よく使われますが
シャウルスー
あたしの愛
受け取ってー
……
味は結構
クセがあるので
ご注意。
重…
強…
やめろおお
おおお
うわあ
ああ

スパークリングワイン向け

バラカ

フランス

奇跡的な幸運の持ち主。濃厚なバターのような味わいで、塩気も強め。

タイプ

白カビ

切り方
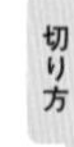

キャッチーな馬のひづめ形は、幸福のシンボルらしいです。なのでなにか挑戦をする人の門出に、バラカを贈るとかっこ良く決まるかも。生クリームが入ってるので、初弾はけっこう優しめに入ってくるんですが、塩気が強くて、あとからけっこう個性的な「いいやつ」をもらいます。これが初心者には「うっ」とくるかもしれません。

組み合わせ

スパークリング

フルーティーな赤ワインとも合うのさ！

DATA	原料	乳脂肪分	熟成期間	レア度
	牛	70%	なし	B ときどき見かける

おめでとーーう!!

バラカの形は幸運のあかし。
フランスではお祝い事に贈る習慣があります。

バラカさんきてくれたよ～

縁起だけでなく見た目もいいので

パーティーではりんごなどと一緒に切り分けずそのまま出すと◎。

やんや

やんや

口当たりはとっつきやすいですが
へーそんな活動してるんだ
すばらしいね
「幸運を振りまく宿命」から逃れられないだけですよ・・・
フッ…
後から割とくせが出てくるのも魅力的です。

スパークリングワイン向け

マスカルポーネ

イタリア

ティラミスで一躍有名になった甘々なモテ女子。フルーツとの相性も抜群。

タイプ

切り方

味はゆるゆるーっとしてて、食感はスプレッド（塗り物）状で、まるでホイップクリームみたいなチーズです。ほぼティラミスです。ほんのり甘いです。クラッカーやカットフルーツに塗って、はちみつをたっぷりかけて食べたり、ピザにのせてこくを出したり、ストレス解消にスプーンで直接ばくばくいったり、そういう素敵なおやつです。

組み合わせ

スパークリング

もちろん濃いコーヒーとの相性はバッチリ!

DATA

原料	乳脂肪分	熟成期間	レア度
	60%	なし	 ときどき見かける

放送室
スペイン語の「マスケブエノ(絶品)」が変化したとも言われるこのチーズは
マスカルポーネちゃんマジマスケブエノだね
やだーそんなことないですぅ
まったくクセがなくプロセスチーズが苦手な人でさえも取り込む「白さ」があります。
ふだん使いにはパンに塗って食べるとバターとは違う風味が楽しめます。
おつかれさまー
お昼の放送代わりますね
バターさん
なめらかで甘みもあって口溶けもよくまさにスイーツ。
あ　はい…
皆さんこんにちは！マスカルポーネと
ドルチェです！
ちなみにゴルゴンゾーラ・ドルチェと組み合わせた
「ゴルゴンゾーラ・マスカルポーネ」というチーズも。

スパークリングワイン向け

ブリア・サヴァラン

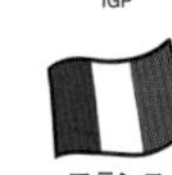

美人でお金持ちでみんなの人気者なパーフェクトガール。甘くないケーキみたい。

タイプ

切り方

美食家の名を冠してるのですが、この人が作ったわけではありません。味はほとんどレアチーズケーキです。そういう自覚もあるのか、ドライフルーツ付きもあります。めちゃくちゃわかりやすくおいしいですが、一番合うのはコーヒーか紅茶かも。「アフィネ」という熟成版は白カビ感があってスパークリングに合います。

組み合わせ

スパークリング

おコーヒー、お紅茶とも合わせてほしいわ

DATA	原料	乳脂肪分	熟成期間	レア度
	(牛)	72%	なし	A チーズ店ならあるかも

スパークリングワイン向け

カプリス・デ・デュー

フランス

気まぐれだけどすべて良い方に転がるラッキー女子。とにかく濃厚でマイルドな雰囲気。

とにかく天使のイラストが描かれた楕円形の箱がかわいい！「神々の気まぐれ」という意味なんですが、気まぐれとは言えないほど生クリームがたっぷり添加されているので、口にした瞬間、心の中の「お子さま」が突然目を覚まします。ロゼワインとか、ボジョレーのような軽めのワインを進化させたいときに。

組み合わせ

スパークリング

軽めの赤

タイプ

切り方

DATA	原料	乳脂肪分	熟成期間	レア度
		60%	約2週間	B ときどき見かける

スパークリングワイン向け

カッテージチーズ

オランダ

太らない体質で羨ましがられるガリガリ男子。あっさりしてクセのない味わい。

これはこれでおいしいです。ただ脱脂しているので、食べる人の主な目的は、あっさり＆ヘルシーじゃないですか？　たんぱく質もカルシウムもあるのに、カロリーは普通のチーズの3分の1くらいだから私うれしい。これもリコッタとかマスカルポーネと同じく、そのまま食べない系ですね。サラダフルーツパスタピザと一緒にガツガツと。

組み合わせ

スパークリング

味付け次第でどんな飲み物にも合わせられるよ

タイプ

切り方

DATA

原料	乳脂肪分	熟成期間	レア度
 （脱脂乳）	20%	なし	C どこでも売ってる

recipe

マスカルポーネ小倉トースト

材料

・マスカルポーネ…好きなだけ
・食パン…1 枚（おこのみの厚さで）
・小倉あん（缶詰で OK）…好きなだけ

作り方

① 食パンをトーストする。
② 小倉あんを好きなだけ塗りたくる。
③ マスカルポーネを好きなだけトッピングする。

ニヤァ…

どんなチーズでも最高においしくするレシピ

Meilleures recettes

recipe

チーズを最高においしくする

「サラダ」

recipe

材料

・おこのみのチーズ…適量
・おこのみの葉野菜（サニーレタス、グリーンカール、ベビーリーフがおすすめ）
・おこのみの果物（桃、柿、いちじく、りんご、いちご、金柑がおすすめ）
・オリーブオイル
・バルサミコ酢
・あらびき黒こしょう

作り方

① オリーブオイルとバルサミコ酢を2:1の割合で混ぜ、塩こしょう（分量外）で味を整えドレッシングを作る。
② 葉野菜をちぎって、お皿に盛る。
③ ②に一口サイズにカットした果物とチーズをのせ、①をまわしかけて黒こしょうをふる。

※ハードタイプのチーズは薄くスライスすると食べやすい
※ドレッシングは手でさっくり和えると、もっとおいしい

recipe

チーズを最高においしくする「サンドイッチ」

recipe

材料

- おこのみのチーズ…適量
- 食パン…2 枚（おこのみの厚さで）
- 生ハムかスモークサーモン…5 枚
- レタス…1 枚
- バター…適量
- つぶマスタード…適量
- あらびき黒こしょう…適量

作り方

① チーズをスライスする。
② 食パンにバターをぬる。
③ 食パンの上に、チーズと生ハム（スモークサーモン）、レタスをのせる。
④ つぶマスタードをぬり、黒こしょうをふってもう一枚の食パンではさむ。
⑤ ④をぬれぶきんで包んでさらにラップでしっかり包み、冷蔵庫で 30 分間ねかせる。
⑥ 冷蔵庫から取り出して、耳を切り落とす。

recipe

チーズを最高においしくする
「パスタ」

recipe

材料

・おこのみのチーズ…30g
・たまねぎ…1/8 個（20g）
・生クリーム…75cc
・牛乳…25cc
・チキンコンソメ（顆粒）…小さじ 1
・パスタ（乾麺）…100g
・あらびき黒こしょう…少々
・オリーブオイル…少々

作り方

① ハードタイプのチーズはおろして粉に、その他のチーズはスライスしておく。
② パスタを茹でる。
③ フライパンにオリーブオイルをひき、スライスしたたまねぎを中火で炒める。
④ たまねぎがしんなりしたら、生クリーム、牛乳、チーズを入れて、弱火にする。
⑤ チーズが溶けたら、チキンコンソメを加え、塩こしょう（分量外）で味を整える。
⑥ 茹で上がったパスタと和える。
⑦ お皿に盛って、黒こしょうをふる。

※⑤で煮詰まりすぎたら、生クリームと牛乳で調整する
※パスタのかわりに白飯を使って、リゾット風にしてもおいしい

recipe

チーズを最高においしくする

「ポテトグラタン」

recipe

材料

- おこのみのチーズ……適量（たっぷりがおすすめ）
- たまねぎ…1/8 個（20g）
- じゃがいも…1/2 個
- ベーコン…20g
- 生クリーム…30cc
- パン粉…適量

作り方

① じゃがいもをまるごと茹でる。粗熱がとれたら皮をむく。
② チーズとたまねぎをスライスする。ベーコンは食べやすい大きさにカットする。
③ ①のじゃがいもをざく切りにする。
④ フライパンにサラダ油（分量外）をひき、たまねぎとベーコンを炒める。
⑤ たまねぎがしんなりしてきたら、じゃがいもと生クリームを入れて、塩こしょう（分量外）で味を整える。
⑥ 耐熱皿にうつしてチーズを散らし、パン粉をかける。
⑦ トースターで焼き目がつくまで焼く。

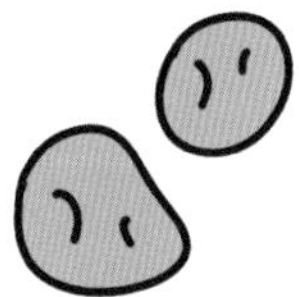

エピローグ

épilogue

…さて
これで私が教えられることは全部です
……
コルクさんありがとう
最初はどうなることかと思ったけど
たくさんのチーズたちと仲良くなれて
すごく楽しかった
フー…
伝説のワインと合うチーズ
選びます！

じゃあまず
この伝説のワインを
味見・・・
むぐむぐ
ゴクッ
自信がある
わけじゃないけど
今まで出会った
彼らのことを
思い出せ
・・・決めました
このワインにあう
チーズは
これだあああ！
パアッ・・・・
うわああ・・・ッ！

はっ
僕の部屋だ
あの夜
晩ご飯を食べに
出る前の・・・
最後にもう一度
聞きたいんですが
コルクさん
僕が選択を誤ったら
どうなるんですか？

そうですね・・・
チーズ界とワイン界
二つの世界が消滅し・・・
そのうち人間界からも
チーズとワインの記憶が
消えてしまうでしょう・・・

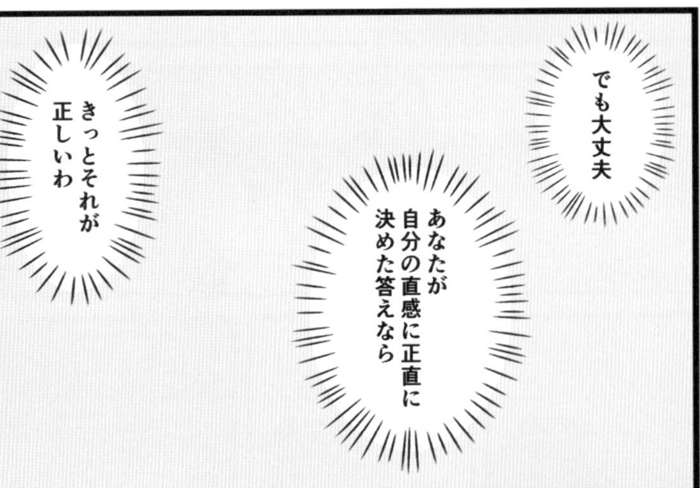
でも大丈夫
あなたが
自分の直感に正直に
決めた答えなら
きっとそれが
正しいわ

コルクさん・・・
みんな・・・！

だっ

いらっしゃいませ〜
この店員さん
コルクさんじゃない
?
やっぱり
ダメだったんだ
そりゃそうだ
あんな奥の深い世界
付け焼き刃で
勉強したって…
…か
…すか

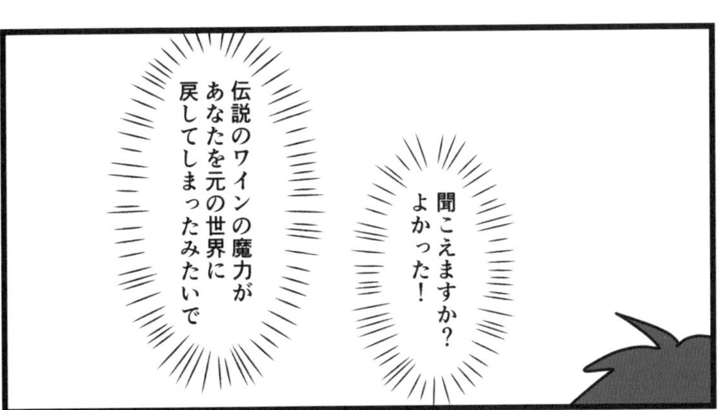
聞こえますか？
よかった！
伝説のワインの魔力が
あなたを元の世界に
戻してしまったみたいで

おかげさまで
ワイン界にも
チーズ界にも
力が戻りました！

あ あの
お客様
どうなさい
ましたか…？

いえ
なんでも
ないです

あ
そしたら
チーズ
欲しいん
ですけど…

Conclusion

あとがき

チーズのことがわかっても、いいことはありませんでした。

お客さんからワインのことはよく相談されますが、チーズについてはほとんど聞かれた記憶がありません。

こちらから「ワインに合うチーズ」について語り出そうものなら、あからさまに面倒くさそうな顔をされることもあります。一風、変わったチーズを出そうものなら、鼻をつまみながら返品されることもあります。自分ではもう気になりませんが、匂いの強いチーズをいっぱい楽しんだ後は、知らないうちに誰かに嫌われているかもしれないとも思います。「くさいチーズは冷蔵庫に入れないで！」と家族に怒られたこともあります。

でも一つだけ、いいことがありました。

それは「変わったものを受け入れてみる」という気持ちが生まれたことです。

筆者にとっては長年、ピザの上でとろけるやつがチーズでしたし、スーパーでビニール包装されて売っているやつがチーズでした。

しかし今までに経験のない個性的なチーズと出会い、感動することによって、自分にとっての〝チーズ観〟が更新され、その更新を一度や二度でなく、何度かくり返すことにより〝抵抗感のあるものの先に、本当はすばらしい世界が待ち受けているのかもしれない〟と考えるようになったのです。

絵柄が苦手だからという理由で、ずっと観ていなかった『魔法少女まどか マギカ』を初めて観たときもそう。そのあまりの素晴らしさに、筆者は過去の自分をひどく責めました。もっと早く知っていたら、まったく違う人生になっていたのにと。

そんな小さなことでも、その感動を知っているか知らないかによって、その後の人生を大きく変えていくものがある気がするのです。

あるものの良さがわかると、反対にわからなくなるものもあります。

それが「日本のチーズ」でした。子供の頃から慣れ親しんでいるチーズのイメージがあり、むしろ筆者には「外国のチーズと比べると、きっと平凡で、つまらない味だろう」という思い込みが強まっていました。

昔から、日本人は車でも電化製品でも便器でも、外国のまねをして本場以上にするのが得意です。生真面目にトライ&エラーをくり返し、みんなにとって良いものを追求するのが日本人気質。

チーズにもそういう歴史があります。海外で修行をつんだ日本人の職人さんが、日本独自の国産のナチュラルチーズをたくさん作り出しています。

どれも日本人の口に合うチーズが多いので、（あまり個性が感じられない）と思う人がいるかもしれません。

でも、「主張しない」ものこそが日本のテロワールだと思うのです。

わかりやすい個性ではないけれど、「絶対おいしいもの作るぞ」という気持ちだけがシンプルに伝わってくる。チーズの個性が〝わかった〟みなさまなら、そんな日本チーズの良さを感じとっていただけるのではと思います。

最後に、筆者が特に大好きな日本チーズをご紹介して、この本をしめくくりたいと思います。ここまでお読みくださって、本当にありがとうございました。

まきばの太陽

千葉県いすみ市の高秀牧場で作られるセミハードです。もう原材料の牛乳からしておいしいので、余計なことをせず、そのまま一つひとつ丁寧にチーズにしましたという感じの農家製チーズです。むっちりした食感でミルクのこくがいっぱい。「おいしいチーズっておいしいねえ」という当たり前の感想が止まりません。

▼ガロ

北海道七飯（ななえ）町の山田農場が作った、「無殺菌の山羊乳100％」のシェーブルです。日本にいながらにして日本の異国情緒を味わえるなんてそれだけで異次元の贅沢。保健所が超厳しいこの日本で、無殺菌乳製のチーズを作るのがどれだけ大変なことか……。全員このチーズを買って讃えて。

▼二世古　空【ku:】

北海道のニセコ町で作られたブルーチーズ。水分が少ない青カビなのですが、もうとにかく味と香りとクセのバランスが神がかっていて、このチーズはご自分の力で「完全融合（マリアージュ）」を完成させちゃった？　と声が震えるうまさ。匠の精神が感じられる伝統工芸品のようなチーズです。

▼フロマージュ・ド・みらさか

広島の三良坂（みらさか）で作られる、こだわりの白カビチーズです。自然放牧された牛から搾った「濃厚なミルク」で作られるチーズを、柏の葉で6週間熟成させてやわらかく作り上げます。濃厚なのに繊細なミルクそのものの旨味。ああ素敵な土地で暮らす牛の乳なのね、と胸が打たれます。

【参考文献】

『チーズの教本 2019 ～「チーズプロフェッショナル」のための教科書～』NPO 法人 チーズプロフェッショナル協会：著（小学館）
『世界のチーズ図鑑』NPO 法人 チーズプロフェッショナル協会：監修（マイナビ出版）
『楽ウマ！　チーズレシピ』梶田泉：著（宝島社）
『知っておいしい　チーズ事典』本間るみ子：監修（実業之日本社）
『おいしいチーズの教科書』エイ出版社：編集（エイ出版社）
『チーズの悦楽十二ヵ月―ワインと共に』本間るみ子：著（集英社新書）
『図解　ワイン一年生』小久保尊:著／山田コロ:イラスト（サンクチュアリ出版）

本書を制作するにあたり、上記の書籍を参考にさせていただきました。
この場を借りて心より御礼を申し上げます。

サンクチュアリ出版ってどんな出版社？

世の中には、私たちの人生をひっくり返すような、面白いこと、すごい人、ためになる知識が無数に散らばっています。それらを一つひとつ丁寧に集めながら、本を通じて、みなさんと一緒に学び合いたいと思っています。

最新情報

「新刊」「イベント」「キャンペーン」などの最新情報をお届けします。

Twitter	Facebook	Instagram	メルマガ

@sanctuarybook	https://www.facebook.com/sanctuarybooks	@sanctuary_books	ml@sanctuarybooks.jp に空メール

ほんよま

ほん  よま

「新刊の内容」「人気セミナー」「著者の人生」をざっくりまとめたWEBマガジンです。

sanctuarybooks.jp/webmag/

スナックサンクチュアリ

飲食代無料、超コミュニティ重視のスナックです。

sanctuarybooks.jp/snack/

※本書でおすすめしている「ワインとチーズの組み合わせ方」は、
あくまでも著者の主観によるものです。感じ方には個人差がありますのでご了承ください。

図解　ワイン一年生
2時間目　チーズの授業

2020年7月15日 初版発行
2021年5月26日 第2刷発行（累計1万6千部※電子書籍含む）

著　者　小久保尊
イラスト　山田コロ

デザイン　井上新八

営　業　二瓶義基
広　報　岩田梨恵子
進行管理　成田夕子
編　集　橋本圭右

印刷・製本　シナノ印刷

発行者　鶴巻謙介
発行所　サンクチュアリ出版
〒113-0023 東京都 文京区 向丘 2-14-9
TEL03-5834-2507　FAX03-5834-2508
http://www.sanctuarybooks.jp
info@sanctuarybooks.jp